2020—2022年度

中国废旧纺织品综合利用发展报告

Report on the Development of the Comprehensive Utilization of Textile Waste in China（2020–2022）

中国循环经济协会◎编

顾明明　赵　凯　赵国樑◎编著

中国纺织出版社有限公司

内 容 提 要

本书介绍了2020—2022年度我国废旧纺织品回收利用的产业发展规模、技术装备水平、资源环境效益和政策标准进展，分析了当前面临的主要问题，研究了废旧纺织品回收平台和重点企业的发展情况，总结了国内外品牌企业在纺织品可持续发展方面的探索和进展，梳理了我国废旧纺织品回收、分拣、消毒、物理法和化学法再生利用的总体情况、技术路线图、前沿技术进展和重点企业情况，以及政策制度、标准规范、试点示范等建设情况，提出了废旧纺织品的发展方向、发展前景和工作建议。

本书可为国家及地方相关部门、行业组织、高等院校、科研机构及企业等提供有益参考。

图书在版编目（CIP）数据

2020—2022年度中国废旧纺织品综合利用发展报告 / 中国循环经济协会编；顾明明，赵凯，赵国樑编著. -- 北京：中国纺织出版社有限公司，2024. 1

ISBN 978-7-5229-1436-7

Ⅰ. ①2… Ⅱ. ①中… ②顾… ③赵… ④赵… Ⅲ. ①废旧物资—纺织品—废物综合利用—研究报告—中国—2020-2022 Ⅳ. ①X791.05

中国国家版本馆CIP数据核字（2024）第018423号

责任编辑：范雨昕　　责任校对：高　涵　　责任印制：王艳丽

中国纺织出版社有限公司出版发行
地址：北京市朝阳区百子湾东里A407号楼　邮政编码：100124
销售电话：010—67004422　传真：010—87155801
http: //www.c-textilep.com
中国纺织出版社天猫旗舰店
官方微博 http: //weibo.com/2119887771
天津千鹤文化传播有限公司印刷　各地新华书店经销
2024年1月第1版第1次印刷
开本：710×1000　1/16　印张：9.25
字数：135千字　定价：168元

2020—2022 年度

中国废旧纺织品综合利用发展报告

编委会名单

前　言

我国是全球纺织大国，纺织纤维加工总量占全球的50%以上，随着人均纤维消费量的不断增加，每年产生大量的废旧纺织品，包括来源于生产环节的废纺织品和消费环节的旧纺织品。废旧纺织品循环利用对节约资源、保护环境、助力实现“双碳”目标具有重要意义，是有效补充我国纺织工业原材料供应、缓解资源环境约束的重要措施，是建立健全绿色低碳循环发展经济体系的重要内容。

党的二十大报告提出，要加快发展方式绿色转型，实施全面节约战略，推进各类资源节约集约利用，加快构建废弃物循环利用体系。中共中央、国务院发布的《关于完整准确全面贯彻新发展理念做好碳达峰碳中和工作的意见》也提出，加快形成绿色生产生活方式。加快发展循环经济，加强资源综合利用，不断提升绿色低碳发展水平。扩大绿色低碳产品供给和消费，倡导绿色低碳的生活方式。国家发展和改革委员会、商务部、工业和信息化部联合印发的《关于加快推进废旧纺织品循环利用的实施意见》明确提出，到2025年，废旧纺织品循环利用体系初步建立，循环利用能力大幅提升，废旧纺织品循环利用率达到25%，废旧纺织品再生纤维产量达到200万吨。到2030年，建成较为完善的废旧纺织品循环利用体系，生产者和消费者循环利用意识明显提高，高值化利用途径不断扩展，产业发展水平显著提升，废旧纺织品循环利用率达到30%，废旧纺织品再生纤维产量达到300万吨的主要目标。《关于加快推进废旧纺织品循环利用的实施意见》成为未来废旧纺织品循环利用的纲领性文件，为废旧纺织品循环利用指明了发展目标和重点工作，也为纺织行业可持续发展提出了具体的工作要求。

为全面展示我国废旧纺织品综合利用取得的成效，本书介绍了我国废旧纺织品回收利用的产业发展规模、技术装备水平、资源环境效益和政策标准进展，分析了当前面临的主要问题，研究了废旧纺织品回收平台和重点企业发展情况，总结了国内外企业在纺织品可持续发展方面的探索和进展，梳理了我国废旧纺织品回收、分拣、消毒、物理法和化学法再生利用技术、技术路线图、前沿技术进展和重点企业情况，梳理了政策制度建设、标准规范制定和修订、试点示范建设等情况，提出了废旧纺织品的发展方向、发展前景和工作建议。本书对于推进生态文明建设，发展循环经济，助力“无废城市”建设，提升废旧纺织品综合利用产业发展水平具有重要意义。本书同时也可为国家及地方相关部门、行业组织、高等院校、科研机构、企业等提供参考。

本书中有关我国废旧纺织品综合利用的相关统计数据主要来源于国家发展和改革委员会《中国资源综合利用年度报告》，生态环境部的《环境统计年报》《全国环境统计公报》，住房和城乡建设部的《中国城乡建设统计年鉴》《中国城市建设统计年鉴》和《城乡建设统计公报》，商务部的《再生资源回收行业分析报告》，国家统计局的《中国统计年鉴》等以及相关公开发表的文献资料。本书的编制得到了大道应对气候变化促进中心和万科公益基金会的支持，也诚挚感谢赵国樑、唐世君、郭燕、李书润、史晟等专家提出的宝贵建议。本书中的部分数据无法从现有统计体系中获得，编者根据经验参数和典型案例进行了测算。

由于废旧纺织品综合利用涉及行业较多、技术路线复杂、发展水平差距较大，编者水平有限，书中难免有不全面和不完善之处，敬请广大读者批评、指正。

编者

2023 年 10 月

目　录

第一章
综述

一、纺织行业发展现状

《纺织行业“十四五”发展纲要》明确了“十四五”时期，我国纺织行业的新定位：“经济与社会发展的支柱产业、解决民生与美化生活的基础产业、国际合作与融合发展的优势产业”。据统计，2017—2021 年，我国纺织纤维加工总量从 5483 万吨增加到超过 6000 万吨，占世界纤维加工总量的 50% 以上，平均增长率为 2.1%（图 1-1）。

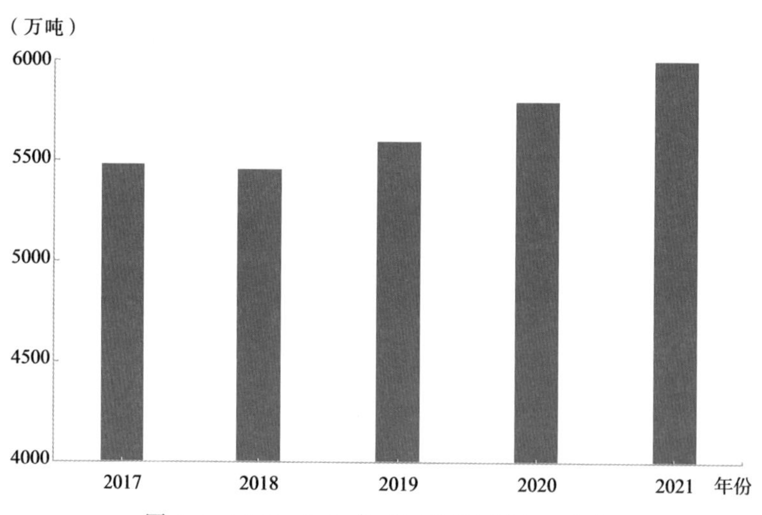

图 1-1　2017—2021 年我国纺织纤维加工总量

根据海关总署统计数据，2017—2021 年，我国纺织品及服装出口额从 2673.2 亿美元增长到 3150.3 亿美元，平均增长率为 3.8%。其中，2017—2021 年，纺织品（包括纺织纱线、织物及其制品）出口额从 1101.5 亿美元增长到 1450.8 亿美元，平均增长率为 7.3%，2020 年由于全球新型冠状病毒防控物资出口需求，纺织品出口额同比增长 29.2%，2021 年全球新型冠状病毒疫情得到有效防控，防疫类纺织品需求量减少，同比下降 5.7%；2017—2021 年，服装（包括服装及衣着附件）出口额从 1571.7 亿美元增长到 1699.5 亿美元，平均增长率为 2.1%，2020 年受新型冠状病毒疫情的影响，海外服装需求量减少，同比下降 6.4%，2021 年，海外消费需求反弹、部分订单回流等因素支撑下，服装出口量增加，同比增长 23.8%（图 1-2）。

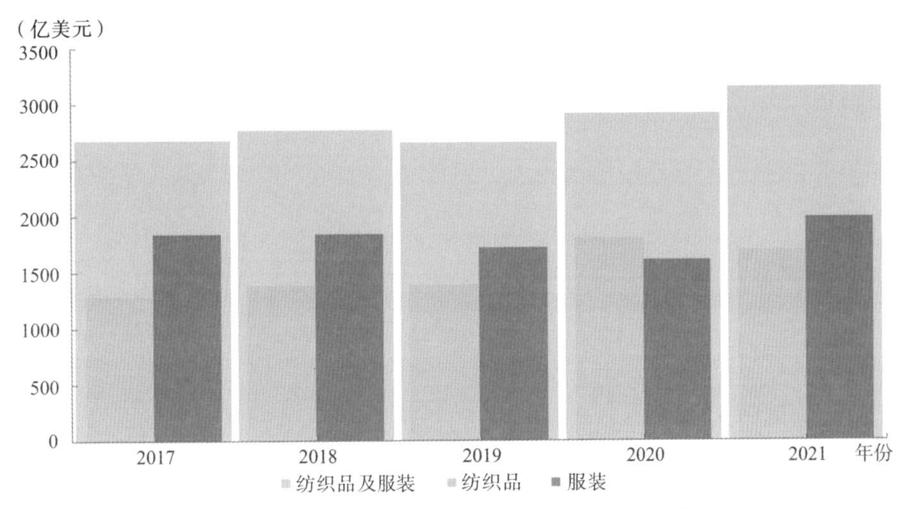

图 1-2 2017—2021 年我国纺织品及服装出口额

从产品大类来看，我国纺织行业主要产品包括化学纤维、纱、布、服装等。根据国家统计局数据，2017—2021 年，我国化学纤维产量逐年递增，从 4877.1 万吨增加到 6708.5 万吨，平均增长率为 6.6%；2017—2020 年，纱产量逐年递减，从 3191.4 万吨下降到 2618.3 万吨，平均增长率为 -8.4%，2021 年，产量回升到 2873.7 万吨，同比增长 9.8%；2017—2020 年，布产量逐年递减，从 691.1 亿米下降到 459.2 亿米，平均增长率为 -15.1%，2021 年，产量回升到 502.0 亿米，同比增长 9.3%；2017—2020 年，规模以上企业完成服装产量逐年递减，从 278.2 亿件下降到 223.7 亿件，平均增长率为 -6.9%，2021 年，产量回升到 235.4 亿件，同比增长 5.2%。

近年来，我国原油加工量的持续增长为化学纤维提供了大量的原材料，加上我国大规模化学纤维工业技术装备的不断进步，化学纤维产量持续增长。纱、布、服装等属于劳动密集型、高能耗、高污染传统行业，随着国内人力成本和环保要求的不断提高，企业经营成本持续攀升，迫使国内企业纷纷迁往东南亚、非洲等地建厂，因此国内产量出现较大下降幅度。2021 年，全球纺织品及服装需求回升，国内纱、布、服装产量得以回升（图 1-3，图 1-4）。

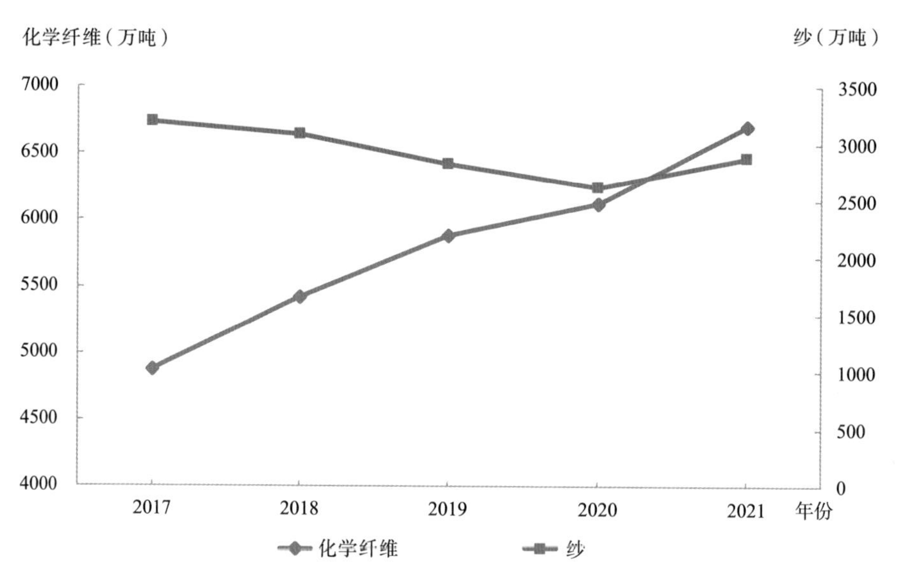

图 1-3　2017—2021 年我国化学纤维及纱产量

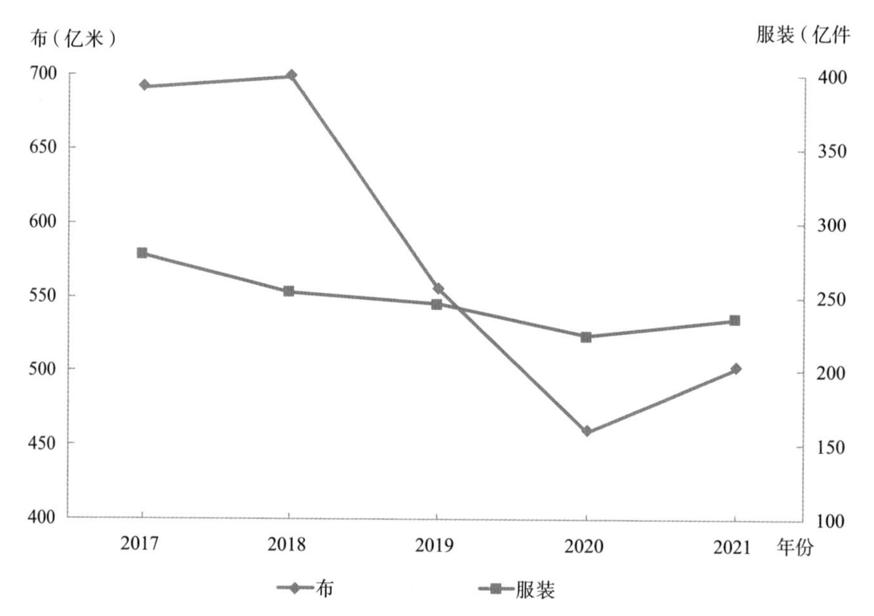

图 1-4　2017—2021 年我国布及服装产量

从细分产品来看，2021 年我国化学纤维主要产品包括涤纶、锦纶、黏胶纤维、氨纶、腈纶、丙纶、维纶等，其中涤纶产量为 5363 万吨，占化学纤维总产量的 80% 左右，锦纶 415 万吨，黏胶纤维 403 万吨，氨纶 86.8 万吨，腈纶 48.5 万吨，丙纶 42.8 万吨，维纶 8.7 万吨。2021 年我国天然纤维主要产品包括棉花和羊毛，棉花产量为 573.1 万吨，绵羊毛、山羊粗毛、羊绒产量分别为 35.6 万吨、2.3 万吨、1.5 万吨（图 1–5）。

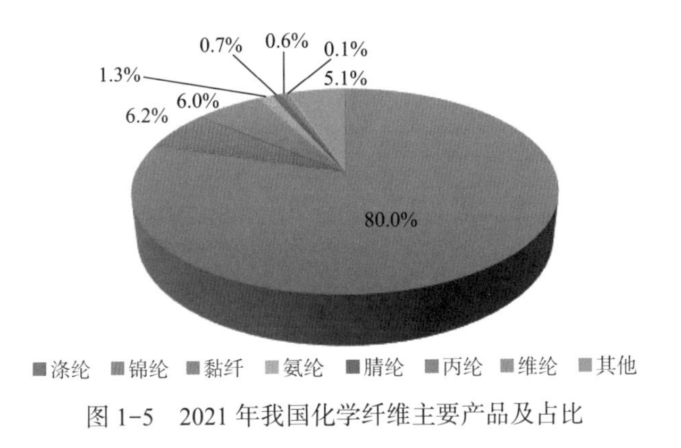

图 1–5　2021 年我国化学纤维主要产品及占比

二、废旧纺织品回收及利用总体情况

（一）产业发展规模

近年来，废旧纺织品回收利用行业积极构建废旧纺织品回收、分拣、拆解、加工、利用产业链，我国废旧纺织品循环利用能力有所提升，资源利用效率日渐提高，资源环境效益逐步显现，据测算，2021 年我国废旧纺织品产生量约为 2246 万吨，回收利用量约为 466 万吨，回收利用率约为 20.7%。

2017—2021 年，我国废旧纺织品利用量从 370 万吨增长到 466 万吨，呈现逐年递增趋势，平均增长率约为 5.3%。2021 年利用量较 2020 年同比增长 8.4%，增幅高于往年，主要是因为 2020 年受新型冠状病毒疫情的影响，废旧纺织品回收及运输受阻，供应量下降，部分利用企业停工限产，2021 年在疫情常态化、复工复产、报复性消费等因素共同作用下，利用量出现较大涨幅（图 1–6，图 1–7）。

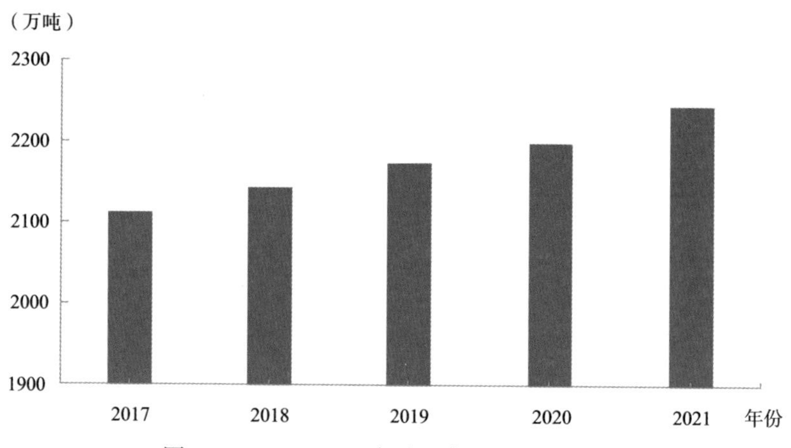

图 1-6　2017—2021 年我国废旧纺织品产生量

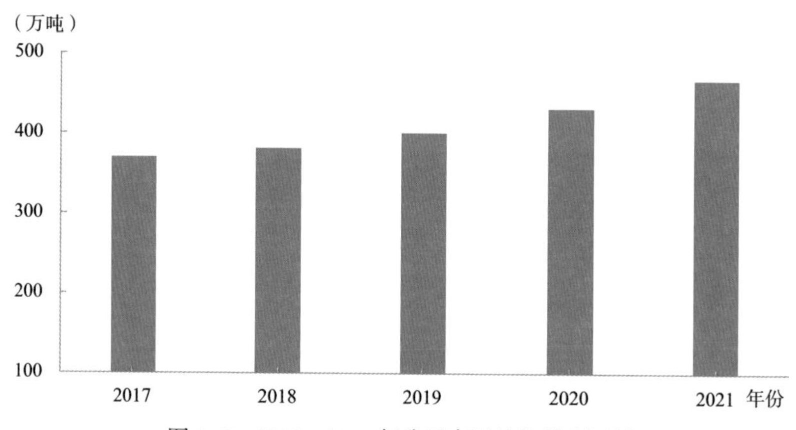

图 1-7　2017—2021 年我国废旧纺织品利用量

（二）技术装备水平

在回收方面，目前，我国废旧纺织品构建了线上、线下回收模式，推出了多种线上废旧纺织品回收平台，开发了废旧纺织品专用智能回收箱，回收服务已覆盖全国 300 多个城市。在分拣方面，采用人工分拣居多，个别企业引进国外先进废旧纺织品自动化分拣系统，还开发了首套国产化废旧纺织品自动化分拣系统，提高了消费后废旧纺织品的分拣质量和水平。在物理法再生利用方面，企业多采用物理开松法、熔融纺丝法，产品附加值较低。个别企业引进国外开松、纺纱、成网成套设备，提高了产品多样性和附加值。在化学法再生利用方面，企业多采用增黏—纺丝法，进行液相增黏后造粒、纺丝或者直接纺丝，生产再生涤纶短纤维。个别企业采用解聚—脱色技术，对废旧纯涤纶纺织品进行脱色后再聚合生产再生聚酯切片、再生涤纶长丝。少数企业还开发了废旧纺织品再生托盘、复合板材、防水卷材、生态修复材料、燃烧棒等纺织领域之外的多样化产品。废旧纺织品循环利用产业链如图 1-8 所示。

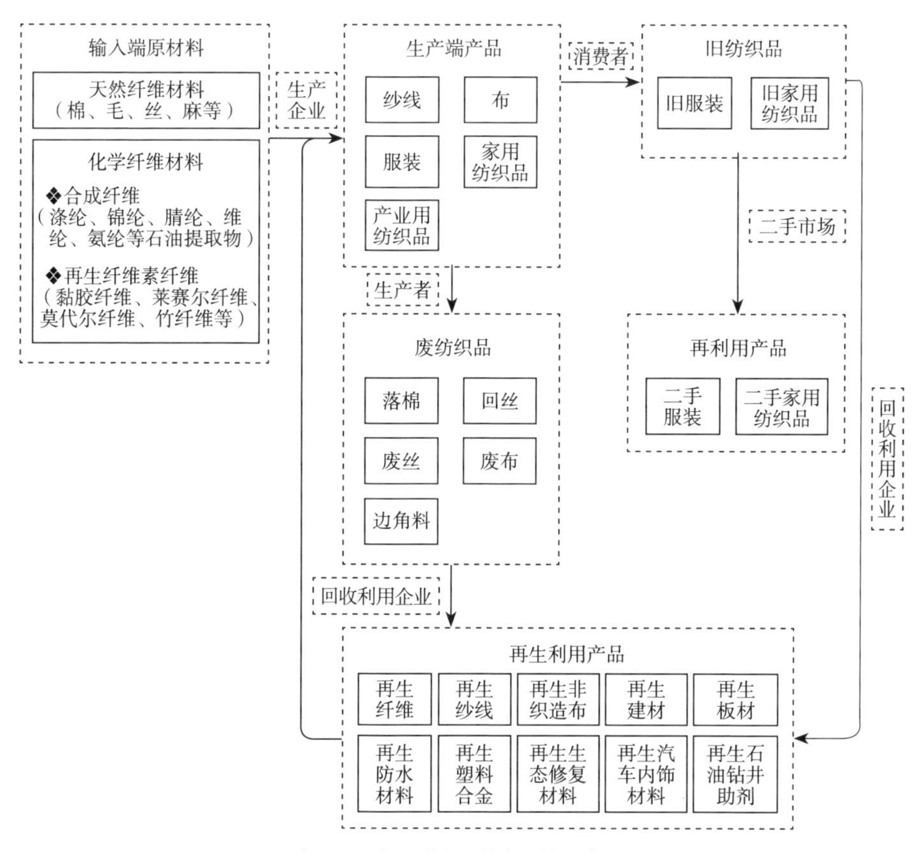

图 1-8　废旧纺织品循环利用产业链

（三）资源环境效益

2021 年，我国纤维加工总量超过 6000 万吨，据测算，2021 年我国废旧纺织品产生量约为 2264 万吨，回收利用量约为 466 万吨，回收利用率约为 20.7%。相当于节约原油 590 万吨，节约耕地 528 万亩，降低 1677.6 万吨的二氧化碳排放量，节约水 279.6 亿立方米，减少使用 139.8 万吨化肥和 93.2 万吨农药。

（四）政策标准进展

2022 年 3 月，国家发展和改革委员会、商务部、工业和信息化部联合印发了《关于加快推进废旧纺织品循环利用的实施意见》，提出到 2025 年，废旧纺织品循环利用率达到 25%，废旧纺织品再生纤维产量达到 200 万吨；到 2030 年，废旧纺织品循环利用率达到 30%，废旧纺织品再生纤维产量达到 300 万吨的主要目标。根据废旧纺织品回收利用标准体系（图 1-9），2020—2022 年，发布了国家标准《废旧纺织品分类与代码》《废旧纺织品回收技术规范》《废旧纺织品再生利用技术规范》《循环再利用聚酯（PET）纤维鉴别方法》；行业标准《再生资源绿色分拣中心建设管理规范》《绿色设计产品评价技术规范　再生涤纶》；团体标准《生态工程用废旧纺织品再生制品》《二手纺织服装流通技术规范》《绿色设计产品评价技术规范　再生涤纶》《可回收物回收体系建设规范》等。

三、面临的主要问题

目前，我国的废旧纺织品回收利用整体上处于初级阶段，缺乏高效、便捷的回收利用体系，主要存在以下问题。

（一）回收体系不健全

一是回收设施覆盖区域不平衡，废旧纺织品回收箱主要集中在一线、二线城市；二是回收主体多，以小微企业和个体为主，缺少规模化企业，行业小、散、乱特点明显；三是与废旧金属、废纸、废饮料瓶等品类相比，民众回收意识薄弱、回收意愿不高，大量废旧纺织品闲置在家；四是分类不准确，公众在废旧纺织品分类收集过程中缺乏规范指引，部分废旧纺织品混合在生活垃圾中受到污染后难以利用；五是缺乏集中分类中心和自动

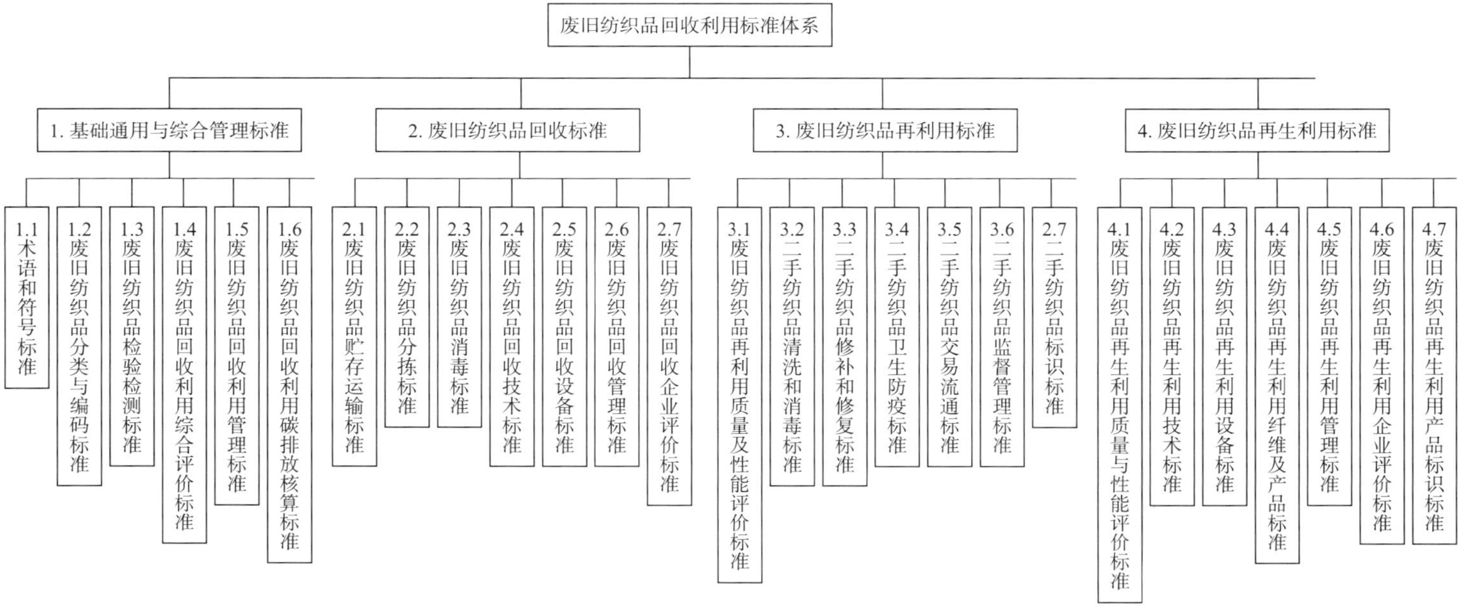

- 废旧纺织品回收利用标准体系
  - 1. 基础通用与综合管理标准
    - 1.1 术语和符号标准
    - 1.2 废旧纺织品分类与编码标准
    - 1.3 废旧纺织品检验检测标准
    - 1.4 废旧纺织品回收利用综合评价标准
    - 1.5 废旧纺织品回收利用管理标准
    - 1.6 废旧纺织品回收利用碳排放核算标准
  - 2. 废旧纺织品回收标准
    - 2.1 废旧纺织品贮存运输标准
    - 2.2 废旧纺织品分拣标准
    - 2.3 废旧纺织品消毒标准
    - 2.4 废旧纺织品回收技术标准
    - 2.5 废旧纺织品回收设备标准
    - 2.6 废旧纺织品回收管理标准
    - 2.7 废旧纺织品回收企业评价标准
  - 3. 废旧纺织品再利用标准
    - 3.1 废旧纺织品再利用质量及性能评价标准
    - 3.2 二手纺织品清洗和消毒标准
    - 3.3 二手纺织品修补和修复标准
    - 3.4 二手纺织品卫生防疫标准
    - 3.5 二手纺织品交易流通标准
    - 3.6 二手纺织品监督管理标准
    - 2.7 二手纺织品标识标准
  - 4. 废旧纺织品再生利用标准
    - 4.1 废旧纺织品再生利用质量与性能评价标准
    - 4.2 废旧纺织品再生利用技术标准
    - 4.3 废旧纺织品再生利用设备标准
    - 4.4 废旧纺织品再生利用纤维及产品标准
    - 4.5 废旧纺织品再生利用管理标准
    - 4.6 废旧纺织品再生利用企业评价标准
    - 4.7 废旧纺织品再生利用产品标识标准

图 1-9 废旧纺织品回收利用标准体系

化分拣设备，分类分拣主要依靠人工经验，为后续利用带来较大难度。

（二）利用水平不够高

一是混纺材料利用难度大，纺织品面料以混纺材料为主，约占85%以上，且大多经过了印染加工，不同成分的纤维分离、去色难度较大；二是再生利用产品单一，以物理法开松生产再生短纤维为主，缺乏专用成套的开松设备、产品附加值较低；三是再生利用企业普遍规模小、分布散，技术水平不高，监管难度较大；四是消费市场缺乏引导，再生纺织品利用难度较大、产品售价较高，部分消费者不愿购买再生纺织制品；五是二手服装相关政策不明晰，行业发展缺乏有效的交易机制和监管措施；六是制式服装回收利用不畅，因缺少衔接机制，废旧制服、校服、工装回收利用不充分。

（三）标准规范不完善

我国出台的废旧纺织品回收利用相关的国家标准、行业标准、产品标准仅有几项，废旧纺织品综合利用产品在应用推广过程中只能参考国内的原生产品标准和使用国外的GRS（全球回收标准）、RCS（回收申明标准）认证体系，在国际竞争和产品推广过程中遇到一定障碍。此外，我国尚缺乏废旧纺织品回收、成分检测、分拣、再生利用和再生产品的标准规范，缺乏二手服装的消毒、检测、再利用、交易和标识的标准规范，以及废旧纺织品综合利用的行业规范条件和产品认证标准。

（四）相关政策不配套

一是缺乏资金支持，废旧纺织品利用难度大、利润率低，缺乏对废旧纺织品回收利用的财政资金支持；二是再生纺织品生产消费有待引导规范，《纤维制品质量监督管理办法》和《再加工纤维质量行为规范（试行）》需要进行修订完善，明确再加工纤维的概念和范围，否则将影响废旧纺织品再加工纤维产业发展；三是科技水平低，废旧纺织品回收利用企业普遍规模小，缺乏科技研发能力，废旧纺织品回收利用关键共性技术研发支持较少；四是项目建设用地难，目前大部分城市低值再生资源相关产业项目和基础设施建设用地未纳入城市建设整体规划，导致废旧纺织品回收利用企业用地困难。

第二章
废旧纺织品回收情况

我国废旧纺织品回收主要集中在人口密集的城市，以及江浙一带大型纺织企业周边地区，目前已经形成互联网回收、品牌回收、再生资源回收、生活垃圾回收、公益慈善回收和民间传统回收等多种回收模式，回收形式以线下回收箱和线上上门回收为主，搭建了遍布主要城市的废旧纺织品回收网络。

一、废旧衣物回收平台及重点企业情况

（一）广州格瑞哲再生资源股份有限公司（鸥燕回收）

广州格瑞哲再生资源股份有限公司（以下简称格瑞哲）是废旧纺织品循环利用全产业链的环保企业，业务涵盖废旧纺织品回收、物流运输、分拣处理、再生纤维、国际贸易等产业链，并在社区服务、绿色低碳、智能装备、再生技术研发等领域广泛布局，成为废旧纺织品循环利用领域的领军企业。在回收方面，格瑞哲在全国 300 多个城市建立回收网点，线上、线下回收量已达 10 万吨 / 年；在分拣方面，格瑞哲现有三大分拣基地，分拣生产线 40 余条、分拣细分品类 180 余个。在国际贸易方面，格瑞哲业务覆盖全球 90 多个国家，累计服务人群约 1 亿人，累计出口纺织品超 10 亿件，累计创造就业岗位 8000 余个。随着市场需求的变化，公司除传统的产品结构外，为客户增设具有弹性的个性化定制产品服务。同时，公司自主研发申请了 25 项专利，并于 2021 年挂牌广东股权交易系统，股票代码 880572。

2010 年格瑞哲集团成立，以分拣出口处理业务为主；2017 年普联环境集团成立，以回收和再生处理业务为主；2018 年建立鸥燕回收子品牌，提供在线预约回收旧衣物的综合互联网平台。欧燕倡导“衣起来　衣循环”可持续发展极简主义生活方式，提供线上预约回收、线下箱体回收和政府合作回收服务，鸥燕回收在广州、佛山区域联动各区城管部门和碧桂园、雅居乐、保利等知名物业公司进行线下旧衣回收箱铺设，线上是闲鱼、京东拍拍、转转的废旧纺织品回收合作伙伴。

欧燕回收后的废旧纺织品分拣后进行环保再生处理，经过开松、纺纱等一系列工序做成再生棉、再生纱、大棚保温棉、汽车隔音棉、劳保手套、环保袋、地毯等再生循环产品。还有穿着功能的七成以上新的旧衣物实现物尽其用，经过严格分拣、打包以旧衣服（海关编码 6309000000）出口到南美洲、非洲、东南亚等国家解决当地穿衣难题。

（二）上海歌者环保科技有限公司（飞蚂蚁）

飞蚂蚁成立于 2014 年，隶属于上海歌者环保科技有限公司，是专业回收处理居民家庭闲置旧衣物（废旧纺织品）的互联网环保回收和废旧纺织品综合利用平台。经过八年的发展，目前已经成为国内最大的闲置旧衣物回收以及综合处理平台之一，飞蚂蚁旧衣物回收业务已经覆盖全国 362 个城市，累计服务超过 1000 万用户，年服务旧衣物上门回收订单约为 310 万单，全国铺设线下智能回收箱超过 4000 多个，全国合作线下驿站（旧衣物代收点）3000 多个，年回收旧衣物总量超过 5 万吨，全国合作的旧衣物分拣 + 出口工厂 65 个，自主研发了逆向物流智能分派系统、分拣工厂签收追溯管理系统、智能回收箱 AI 扫描估重系统等 30 多项知识产权技术，旧衣物回收业务年累计减少碳排放约 26.75 万吨（碳足迹测算），飞蚂蚁建立了“小飞”环保 IP，还创立了环保再生品牌“焕 +”，建立了完善高效的回收和旧衣物后端分拣处理体系。飞蚂蚁旧衣回收流程如图 2-1 所示。

目前飞蚂蚁已经形成多渠道、多形式、多类型的回收业务。线上回收渠道有 APP、各平台小程序、支付宝 / 闲鱼 / 转转 / 顺丰联合页、服装品牌线上联合页等；线下回收渠道有社区智能回收箱回收、线下活动回收、环保衣栈（社区周边门店）回收、服装品牌门店回收。飞蚂蚁也和支付宝、闲鱼、转转、顺丰等众多线上互联网平台建立官方闲置衣物回收合作服务。同时，飞蚂蚁也和热风、茵曼、与狼共舞等众多服装品牌合作，建立再生利用方面的合作，或者通过服装品牌的线上渠道和线下门店进行旧衣物的回收，并且和支付宝蚂蚁森林达成合作，通过支付宝参与回收可以根据用户回收的物品和回收量奖励一定量的蚂蚁森林能量。

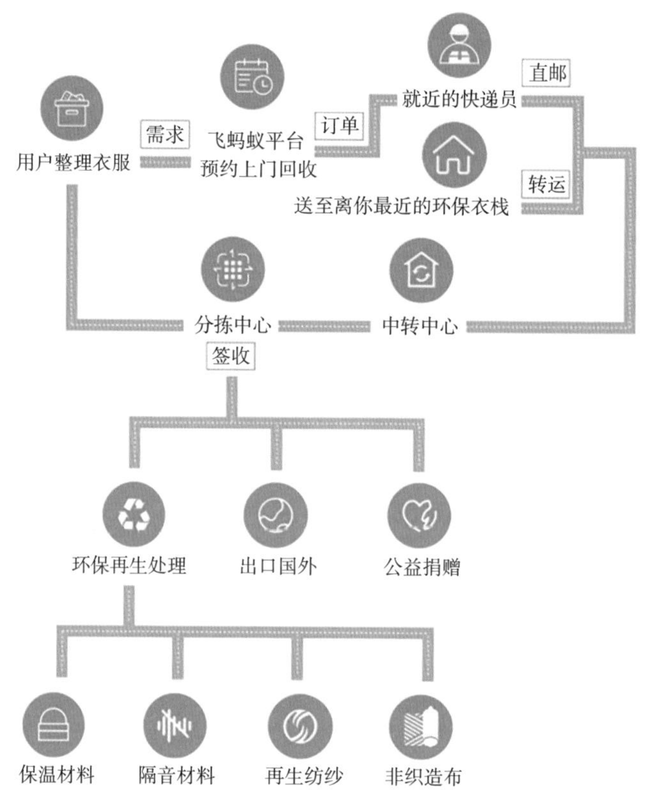

图 2-1　飞蚂蚁旧衣回收流程

回收完成之后，居民的闲置物品会运送到飞蚂蚁自营或者合作的全国六十几家分拣工厂中进行本地化分拣处理，分拣工厂会根据回收物品的价值进行统一的分拣，适合再流通的会进入出口工厂或者二手销售渠道，不适合再流通的会分别进入不同的再生工厂进行环保再生处理。

（三）阿里巴巴闲鱼（支付宝）回收模式

闲鱼 APP 于 2014 年 6 月诞生，成长到 2017 年时，DAU 等核心数据已超过 500 万，产品核心主要满足个人用户在 C2C 二手闲置领域内的交易需求。2018 年 4 月，旧衣、图书两大“低残值”品类回收服务也陆续上线。与手机数码等“高残值回收”类项目不同的是，旧衣、图书两大类的商品主要特性为剩余价值较低，因此在回收体系下，采取了与上述“高残值回收”不一样的策略——不给用户具体的货币价值，只按照“批量出清”的方式，为用户提供上门打包回收的服务。同时，闲鱼回收服务与蚂蚁旗下另一款产品蚂蚁森林能量互通，根据蚂蚁森林能量给予的发放逻辑，给用户发放相应的能量值，来培育用户的环保生活理念。闲鱼作为阿里互联网生态的一员，除了阿里公益蚂蚁森林能量在环保方面的合作与贡献，更与多个事业部合作，为倡导中国国人的环保生活新方式做出积极贡献。自2018年以来，先后与菜鸟驿站、支付宝花呗、饿了么、优酷、淘宝心选、淘票票等多个事业部联动，推出回收合作，为累计超过千万用户送出环保福利。另外，闲鱼连同国内多个服饰品牌，如茵曼女装、巴拉巴拉童装等，都开展了旧衣回收换大额优惠券活动，为新旧迭代、环保生活创造了新的模式。

闲鱼作为互联网平台，打通了普通用户与线下传统回收商的信息壁垒，一位普通居家用户，可以通过闲鱼APP实现互联网下单预约到家回收，再通过快递将待回收的废旧纺织品转移至传统回收商的仓库内，实现资源的快速社会化流转。在此模式下，通过闲鱼回收的废旧纺织品，进入闲鱼回收服务商位于全国各地的回收仓库，进行集中分拣后，约60%进行出口转售，输出至不发达国家进行再利用，约20%进入再生利用企业，通过开花、漂白等工艺，重新制作成可使用的各类纺织品（如劳保手套、工业绳索、汽车隔音棉等）。另外闲鱼平台与服务商，也会联合国内公益组织，捐赠约5%符合要求的优质纺织品到西部贫困地区。

从2018年起，除了C2C闲置交易，在闲鱼上有超过325万用户回收了家中闲置的旧衣，每回收一次旧物，用户就可以获得一次蚂蚁森林能量。此外，闲鱼还组织了数十次公益活动，超过8万名用户为全国10个省市的超过50个项目点捐赠了50余万件衣服，最远还曾帮助过老挝地区的贫困儿童。

（四）京东集团回收模式

京东集团一直致力于推动联合国2030年全球可持续发展目标的实现，倡导可持续的生活方式和消费理念，通过绿色物流、循环利用、绿色供应链等行动，鼓励人们在享受品质生活的同时，减少对环境的影响。

1. 京东公益基金会

从 2016 年起，用户可在京东公益“物爱相连”平台，免费预约配送员上门回收旧衣，在线可查询物资流向，全程透明可追踪。回收的全部衣物将捐赠给公益组织，通过捐赠、义卖、再生等途径，减少服装丢弃造成的环境污染，帮扶弱势群体。2020 年 3 月 21 日，京东公益联合世界自然基金会（WWF）、深圳市一个地球自然基金会、中华慈善总会、京东物流、拍拍、爱回收在全国 200 多个城市同步开启“闲置衣物捐赠计划”。截至目前，京东公益回收的闲置衣物超过 343 万件，回收的物资通过捐赠、再生等循环利用的途径减少二氧化碳排放。2019 年 7 月，中华慈善总会一张纸献爱心行动首次与京东公益达成合作共识，发起“衣旧换心”闲置衣物回收计划提升社会闲置衣物的使用率，救护更多的先心病儿童。截至 2020 年 11 月，“衣旧换心”闲置衣物回收计划共收到包裹 24577 个，纺织品质量 246t。回收的旧衣物通过分拣分类和清洗消毒后，进行慈善捐赠和再生处理。

2. 京东拍拍二手

拍拍二手是京东内部孵化的战略性创新项目，以二手行业为主要深耕领域，与京东的新品业务形成了很好的战略协同，构成了物品全生命周期的体验闭环。2018 年 8 月，为了聚合产业链合作伙伴，向公众倡导可持续生活方式，实现商品全生命周期的价值利用，京东拍拍正式发布了“万物新生”计划。“万物新生”计划包括四大核心平台：线上线下一体化回收平台、再生供应链平台、品牌合作平台、再生商品销售平台。以平台化的运营思维，整合上、下游资源，构建再生资源循环经济产业链，并通过品牌合作，结合 IP 和设计师等资源，增加再生产品附加值，提升产品品质，赋予环保理念。

3. 拍拍—爱回收

2019 年 6 月，京东旗下二手商品交易平台“拍拍”与中国知名的电子产品回收平台“爱回收”进行战略合并。业务合并后，爱回收在垂直领域的专业能力以及拍拍在全品类处置领域的综合平台能力，将在业务上形成更加紧密的战略协同和优势互补，共同打造中国领先的全品类回收平台及二手交易品牌。“爱分类爱回收”收集的废旧衣物主要用于出口、开花制成再生纤维、生产擦机布、提炼有价组分、提取原材料和绿色降解（图 2-2）。

图 2-2　爱分类爱回收废旧衣物回收箱及大数据平台

（五）转转回收模式

转转是北京转转精神科技有限责任公司开发的二手闲置交易平台 APP 客户端，由 58 集团与腾讯合作孵化，2015 年底转转上线，业务覆盖手机、3C 数码、图书、服装鞋帽、母婴用品、家具家电等 30 余个交易品类。

想要参与转转旧衣回收环保公益行动的用户，只需在转转的客户端上点击“一键回收”，填写回收信息，当日即有快递上门免费回收揽收至站点，并更新物流状态，订单完成后用户会获得环保现金红包。不仅是旧衣服，鞋子、围巾、床单、被罩、毛绒玩具等都在转转旧衣回收的范围之内，为了均衡物流成本，转转鼓励用户尽量寄送大于 5 公斤的衣物。目前，转转在全国 210 个城市都已经开通了上门回收服务。

转转将回收的旧衣交给再生工厂，加工成农业、建筑和工业材料，或纺织品生产，实现闲置资源的环保再生。而对于符合捐赠标准的较新、质量较好的衣物进行清洗消毒，捐赠到有需要的贫困山区或公益组织及个人，将符合标准的夏装经过清洗消毒，交给相关外贸公司输出到非洲等贫困国家，所得资金作为公益金。

（六）上海缘源实业有限公司

上海缘源实业有限公司成立于2008年1月，是国内最早的废旧纺织品回收企业之一，主要从事废旧纺织品回收、分类、消毒后调剂综合利用的企业，目前已建立起依托社区、学校、办公场所、商场，采用回收箱渠道回收旧纺织品的模式。缘源在上海有物业管理的社区投放废旧衣物收集箱（大熊猫式），以及相配套的收运车辆、分拣流水线、打包设备和消毒设施，每年可回收旧衣服约5000t。

（七）杭州肯菲信息科技有限公司（白鲸鱼）

"白鲸鱼旧衣服回收"品牌于2013年4月由杭州肯菲信息科技有限公司成立，是中国旧衣服网旗下的综合性环保公益品牌，倡导闲置零抛弃、旧衣循环利用,平台以"旧衣新生活"为理念。2015年2月白鲸鱼平台上线，通过平台预约、免费上门回收、兑换商城代金券以及鲸鱼币的方式鼓励全社会一起参与到旧衣新生活的行动中来，以"环保+公益"的方式处理旧衣物。白鲸鱼在支付宝上的使用量高达200万，在全国300多个城市免费上门回收，累计回收50838t废旧纺织品。用户在白鲸鱼的在线平台，比如微信小程序、支付宝小程序、APP等产品上下单。回收衣服最后会送到全国各地的仓库里进行分拣，分拣后的废旧纺织品会、公益捐赠山区和出口经济欠发达国家。2020年度中国废旧纺织品回收量排序名单见表2-1。

表2-1　2020年度中国废旧纺织品回收量排序名单

序号	企业名称
1	广州格瑞哲再生资源股份有限公司（鸥燕回收）
2	温州绿丝可莱再生科技有限公司
3	上海善衣网络科技有限公司（飞蚂蚁）
4	超极想网络科技（北京）有限公司（铛铛一下）
5	上海缘源实业有限公司
6	张家港市澳洋呢绒有限公司

二、品牌企业可持续发展进展

（一）国内品牌

1. 劲霸男装

劲霸男装（K-BOXING）创立于1980年，是专注于以夹克为核心品类的中国商务休闲男装品牌。

（1）确定品牌绿色发展基调

2019年，劲霸男装成为签署联合国气候变化框架公约（UNFCCC）《时尚产业气候行动宪章》的中国品牌，并且联合发起了“时尚气候创新专项基金”，以及出席第25届联合国气候变化大会COP25。2020年，劲霸男装开展全价值链碳排放溯源，数据收集范围涵盖劲霸男装自身运营范围（包括总部办公楼、自营门店、物流、工厂）和价值链（包括采购和销售、特许经营店等），涵盖2016—2020年，碳排放基线测算的范围涵盖范围一至三，通过核算管理内部运营的排放，进一步加强了企业自身的“双碳”能力。2021年，劲霸男装还成为首批加入中国纺织工业联合会“中国时尚品牌气候创新碳中和加速计划”（简称30·60碳中和加速计划）的品牌。

（2）联动上下游打造绿色供应链

劲霸男装从源头切入，通过加强与可持续材料供应商接触、合作开发专属面料，如可降解材料、植物纤维、环保染色、植物染色、有机天然原材料、自然色彩等，丰富可持续面料的多元性，拓展环保可再生面料的使用场景。同时，建立准入机制，通过优先选择有环保认证、有可持续产品认证的优质供应商，建立供应商准入评估标准，逐步优化迭代充实完善可持续供应体系。另外，劲霸男装从商品企划开始前置可持续理念，将可持续理念融入前端设计主题，并串联商品设计开发、面辅料采购、生产加工、订货零售整条链路，有序落地可持续进程。

（3）践行绿色消费，倡导可持续时尚生活方式

劲霸男装通过旧衣回收、举行可持续主题活动、发布可持续系列产品等多层次与消费者在可持续时尚领域形成链接，强化消费者对可持续的理

解和认知。2021 年 12 月，劲霸男装发布了商务休闲男装碳足迹测评——劲霸男装“碳”索套装及劲霸男装产品碳标签。该套装由碳足迹夹克、碳足迹慢跑裤、碳足迹印花棉 T 恤构成。消费者通过扫描服装吊牌上带有二维码的碳标签，即可追踪并实时查阅该产品的碳足迹，从原料的开采、加工到产品的制造生命周期碳足迹。2022 年 4 月 22 日世界地球日，发布劲霸男装首个环保可持续系列——“说话算数”胶囊系列，其中部分销售利润捐赠中国绿化基金会，助力西北绿洲生态系统。此外，劲霸男装还举办“99 爱”可持续活动、“衣旧有型·劲享新生”活动，主办中国可持续时尚·未来设计师发展项目——“衣再造 · 种子季”竞赛以及开展“希望工程劲霸男装环保公益季”等，将可持续时尚的未来触角延伸至年轻一代。

2. 波司登

波司登（BOSIDENG）始创于 1976 年，专注于羽绒服研发、设计和制作，46 年来，波司登在羽绒、面料、工艺、板型等方面不断创新，羽绒服品质和保暖性广受国内外好评。

在产品质量方面，波司登产品主要技术指标均高于国家标准要求，实施三级检验，进一步降低产品市场退残率并新增高端用户满意度的高标准，积极探索绿色产品与可持续时尚，推广使用新型环保面料，积极降低对环境的影响。

在供应链方面，波司登形成负责任供应链，重视原材料的安全性、可持续性及可追溯性，建立高于国家标准的羽绒质量标准。截至 2020/2021 财年，所采购的原材料种 49% 已获得 bluesign® 的认证，95% 的合作供应商已通过 RDS 认证，产品使用的羽绒中 95% 通过 RDS 认证。同时，波司登制定出一系列供应商管理制度，鼓励供应商持续提升环境及社会责任表现，不仅保障自身供应链稳定，也带动供应链合作伙伴共同成长。

在社会责任层面，波司登一直坚持以“温暖世界”为使命，努力探寻自身发展与社会责任的平衡点，并使二者相互促进。波司登的社会责任主要体现在对内的员工福祉和对外的社会公益上。截至目前，波司登共实施五期员工股权激励计划，授予购股权和奖励股份合计 13.192 亿股；同时开展丰富多样的企业文化活动，员工满意度持续达到 90% 以上。截至 2021

年3月，波司登累计向社会捐款捐物超过人民币12亿元，覆盖了全国29个省、108个地级市、558个县、119.2万贫困群众，充分契合当下乡村振兴、共同富裕的时代主题。

3. 鄂尔多斯

（1）推动全产业可持续时尚

1989年，鄂尔多斯集团投入近2000万元，开启恩格贝沙漠绿化工程。2017年，鄂尔多斯集团正式将可持续设定为集团的战略重点之一，2019年发布中英文双语的ERDOS WAY——鄂尔多斯集团可持续时尚宣言，覆盖供应链、品牌、员工3大层面、8个方面的行动指引和目标，全面展示了其在产业链中系统性的方法论，从源头上建设超细羊绒牧场、保护培育山羊品种、保护草原文化，到生产环节引进全新技术和生产模式，以及在零售终端通过创新产品与各种活动和消费者达成持续沟通。近几年，鄂尔多斯对源头牧场的关注进一步延展到数据研究以及动物福利上。2021年起，鄂尔多斯集团在阿尔巴斯自建了一个占地5000亩的标准化示范牧场，同时和专业机构及大学合作设立了4个实验室。

（2）践行绿色生产和绿色设计

鄂尔多斯集团制定了毛纺行业的绿色设计和绿色制造的整个行业标准，在行业内创建羊绒制品全生命周期（LCA）评价体系。在产品设计环节，鄂尔多斯集团直接从面料着手，2019年推出善SHÀN系列，用行动实践鄂尔多斯对可持续生产设计的承诺，该系列服装包括再生羊绒、牦牛绒、无染色羊绒、全成型针织衫四组产品。其中再生羊绒为旧羊绒制品回收再加工；牦牛绒可生物降解；无染色制作过程不添加染料；全成型无须缝合，可节省纱线及相关能源消耗。在消费终端，鄂尔多斯集团在包装上走极简环保风；启动“大衣焕小衣”项目；采用库存余料，制成小礼品。为鼓励消费者延长产品使用期限，鄂尔多斯集团成立了羊绒养护中心，在门店中提供产品回收及养护服务。2018年，鄂尔多斯集团成为获国家工业和信息化部认证的绒纺行业的绿色工厂、绿色产品；2019年，鄂尔多斯集团成为国际权威可持续时尚组织——全球时尚议程（Global Fashion Agenda，GFA）的合作伙伴；2020年，“鄂尔多斯”荣获THE GCFA ECO

STEWARDSHIP AWARD（绿毯生态保护奖），这个“时尚界的奥斯卡”授予了中国品牌。2022 年 3 月 22 日，鄂尔多斯集团启动“与地球，一起绿动”的低碳生活线上打卡活动，活动已累计超过 7 万人次参与，累计减碳超过 6200kg。

（3）以循环经济模式发展地区优势特色产业

鄂尔多斯集团立足地区资源优势，以棋盘井工业园区为载体，以循环经济模式发展优势特色产业。从硅电联产起步，逐渐延伸产业链。鄂尔多斯集团以煤炭产业为基础，电力产业为能源中枢，围绕硅铁合金和氯碱化工产品的生产，综合利用“三废”（废气、废渣、废水），已形成国内完整的煤—电—硅铁合金、煤—电—氯碱化工生产线，延展出铁合金、电石、PVC、化肥、烧碱、水泥、多晶硅等多个产品品类。除却核心链条，鄂尔多斯集团对副产物的消耗也做了有效的设计。电石的原料石灰石，在经过煅烧后形成的副产物被用来生产水泥；发电厂在脱硫过程中形成的副产物被用来生产脱硫石膏；同样是发电厂副产物粉煤灰，又构成下游砖厂的原料之一。硅锰尾气制成甲醇，副产物——高纯二氧化碳作为食品级碳酸饮料的生产原料。鄂尔多斯集团立足当地资源，以循环经济模式发展优势特色产业。

4. 茵曼

茵曼（INMAN）创立于 2008 年，现已成为行业代表性的棉麻生活品牌，品类涵盖服装、鞋、箱包、童装、家居等。

茵曼品牌持续投入面料研究、引进高精尖生产设备、自主原创设计，并通过实验抽检、真人试穿、用户体验感反馈等多重环节，反复修正板型、颠覆设计和提升工艺，打造柔软亲肤、低刺激的面料，力求给消费者带来舒适自在的穿着体验。

从 2016 年起，茵曼联合环保公益闲置处理平台飞蚂蚁，发起“衣起重生”旧衣回收环保行动，“衣起重生”已成为一个旧衣回收、改造设计、助力环保的可持续环保设计平台。目前，茵曼在全国的线下门店设有旧衣回收点，还联手闲鱼、支付宝提供更便捷的旧衣回收途径，带动更多人用行动支持环保。截至 2020 年 3 月，“衣起重生”旧衣回收环保行动已获得来自全国 180 多个城市的环保人士参与，旧衣回收总质量超过 55195kg，相当于减碳 198.7t。茵曼于每年 4 月 22 日世界地球日主办“衣起重生”环保艺术展，既能感受物尽其所用的精粹，以及新一代年轻设计力量的环保态度。

5. **安踏**

安踏品牌始创于 1991 年，是全球领先的体育用品公司。多年来，安踏体育主要从事设计、开发、制造和行销安踏体育用品，包括运动鞋、服装及配饰。

2021 年，安踏集团持续完善 ESG（环境、社会、公司治理）架构，成为联合国全球契约的签署成员。加强节能减排和环境保护，2021 年集团收益增加 38.9%，而温室气体总排放密度（按吨二氧化碳当量 / 每百万元人民币收益计算）仅上升 12.2%。同时，安踏集团还积极投身社会公益事业，年度捐赠超 3.3 亿元。2021 年，安踏集团制定了未来 10 年的发展战略，将坚持为消费者创造价值，与上下游合作伙伴以及全体员工携手努力，肩负起对社会和环境的责任，推动向可持续发展的目标迈进，并计划带动超过 3000 家生态伙伴及 30 万从业人员共同成长。

在环境与生态保护方面，安踏集团将可持续发展理念贯彻在经营流程中，承诺 2050 年实现碳中和总目标，通过采用环保材料、减少整体包装材料、引入自动化设备等措施提升能源使用率，减少资源浪费。2019 年，安踏推出了环保服装产品——“训练有塑”唤能科技环保系列，以回收废弃塑料瓶为原料，制成再生涤纶面料，引起了消费者的广泛关注。平均回收使用 11 个 550mL 的废弃塑料瓶即可制成 1 件唤能科技服装所需的再生涤纶面料。还携手世界自然基金会关注生物多样性保护，宣传教育保护东北虎与江豚两大濒危物种；开展北京“安踏林”的森林及景观恢复项目，在区内多个林场进行森林生态系统修复工作。

在社会和管治方面，2021 年，安踏集团成立可持续发展委员会，大力投入品质创新，过去 10 年，已累计投入研发费用达 30 亿元，拥有来自 18 个国家和地区、超 200 名国际设计研发专家的团队；升级全球科研创新中心，支持“中国创造”达到国际领先水平，2021 年申请并被核准注册商标超 1000 项，拥有有效专利超 1000 项。

在运营和管理方面，安踏集团为 52000 多名员工提供广阔的事业平台和健康的工作环境，完善全球化、多元化及多层次的人才梯队。2021 年度，员工培训覆盖率达 79.7%，女性高管占比达 34.7%。作为行业龙头企业，安踏加强与在中国的 357 个供应商及 22 个海外供应商的紧密合作，并带动产业链升级，ISO 9001、ISO 14001、ISO 45001 认证的供应商分别达 267 家、162 家、65 家，获得 bluesign® 认证的供应商达 45 家。

在公益事业方面，安踏集团 2021 年全年捐赠投入超 3.3 亿元；持续近 5 年的“茁壮成长公益计划”以体教融合助力乡村振兴，累计捐赠投入已超 5.5 亿元，捐建 150 家“安踏梦想中心”，培训 2817 名体育教师，使国内 9137 间学校超 350 万名学生受益。

安踏集团将推进“1+3+5”环境共生目标——实现 1 个总目标，在 2050 年前实现碳中和；3 个“零”，在 2030 年前实现自有生产废弃物零填埋，自有营运设施原生塑料零使用及零碳排放，把营运对环境的影响降至最低；5 个“50%”，2030 年前将可持续产品的比例提高到 50%；战略合作伙伴能耗的 50% 采用可再生能源替代；50% 的产品使用可持续包装；自有运输设备能耗的 50% 采用清洁能源替代；产品中使用 50% 可持续原材料。

6. 李宁

李宁（中国）体育用品有限公司创立于 1990 年，拥有品牌营销、研发、设计、制造、经销及零售能力，以经营李宁品牌专业及休闲运动鞋、服装、器材和配件产品为主。

李宁开发了绿色环保服装，联合 COSTA COFFEE 和爱回收旗下爱分类爱回收（LOVERE）推出限定环保 T 恤，通过回收 COSTA 店内的咖啡渣，采用李宁的最新环保面料技术提取出咖啡碳纤维制作而成，并绘有国潮插画图案，呼吁公众践行可持续生活理念。为最大限度地减少产品在生产过程对生态环境的影响，实现无害化生产，李宁公司选择 TESTEX 瑞士纺织检定有限公司为其提供完整的化学品管理评估方案。在纺织和鞋类全供应链识别并逐步淘汰危险化学品。

李宁对包装材料执行统一管理，减少包装材料的使用，使用环保可回收纸张，推行包装多样性，尝试采用环保包装材料，逐步推行使用再生聚酯（RPET）环保塑料包装袋。2021 年，李宁已经试用 5 万个 100% RPET 材质的包装袋,2022 年使用量将超过 100 万个。实行《李宁公司节能（源）管理标准》《李宁公司节能工作安排》《李宁公司节能措施》等内部管理制度，践行可持续发展理念，落实节能减排措施。

李宁宣布，自 2022 年起，中心园区年均每平方米建筑面积的外购电力用量不高于 70kW · h/m^2；中心园区年均每平方米建筑面积的日常用水消耗量不高于 0.62t/m^2。2022 年底，在全公司全面推广垃圾分类，中心园区产生的废弃物 100% 交由资质的企业进行处理。到 2024 年底，中心园区灯具 100% 使用 LEG 节能灯。到 2040 年底，中心园区实现碳中和。

7. 特步

特步始创于 1987 年，是一家多品牌体育用品公司，致力于体育用品（包括鞋类、服装和配饰）的设计研发、制造销售和品牌管理。2001 年创立特步品牌，2019 年进一步丰富其品牌组合，涵盖四个国际品牌，包括盖世威、帕拉丁、索康尼及迈乐。

在环保技术平台的支持下，特步致力于稳步扩大生产过程中对环保材料的使用。在运动服装产品的生命周期中，有三个主要领域可以减少对环境的影响，包括原材料选择、生产过程及产品使用寿命完结后的弃置。为减低生产对环境的影响，特步专注于使用有机棉可回收植物材料及生物可降解材料，以作为服装及鞋类产品生产的主要绿色材料。

2021 年，特步、索康尼及帕拉丁品牌推出了泡沫鞋垫及底衬由欧索莱再生塑料瓶及再生金属配件制成的鞋类产品。索康尼推出了由 100% 天然材料制成的 Jazz Court RFG，帕拉丁推出了其服装和鞋类产品，例如 Pampa Earth 系列及 Organic 系列，其使用符合全球回收标准、全球有机纺织品标准及欧洲环保纺织标准 100 指引的物料。自推出聚乳酸产品，特步不断在产品中增加可降解材料的使用。2021 年，特步推出了新型环保聚乳酸 T 恤。聚乳酸是一种生物可降解材料，目前 T 恤的聚乳酸含量为 60%，特步计划于 2022 年第三季度试验生产 100% 纯聚乳酸风衣。

多年来，特步向山东、四川、贵州、云南、内蒙古、宁夏和青海的学生持续捐赠运动服装。2021 年，向甘肃省欠发达地区学生捐赠价值 400 万元的运动装，以促进学生健康成长及发展。特步每年赞助线下马拉松及跑步赛事，2021 年赞助了七项于中国内地举办的马拉松赛事，参与者超过 91000 人。2021 年，特步通过中国扶贫基金会及中国宋庆龄基金会捐赠超过 5500 万元的物资供应，支援洪水灾害下河南及山西的重建工作。新型冠状病毒疫情以来，特步向社群及学校累计捐赠 1.56 亿元装备物资及现金。

（二）国外品牌

1.Inditex 集团

Inditex 集团成立于 1963 年，是西班牙时装零售集团。Inditex 旗下拥有 Pull and Bear、Massimo Dutti、Bershka、Stradivarius、Oysho、Uterque 等服装品牌。Inditex 集团的循环愿景涵盖了整个业务模式：从设计和生产到门店、物流和办公室的管理。目标是从长远来看更具弹性和效率，努力将废物转化为新资源。

（1）在原料层面

2022 年，Inditex 集团有 60% 的原材料来源于“首选纤维材料”，其中 90% 的棉来源于“首选纤维材料”；回收材料的使用量增加了 90%。2022 年，Inditex 集团向客户提供了 78675t 再生材料，比 2021 年增长了 90%。

（2）在构建产业链层面

2022 年，Inditex 集团开展了服装回收计划，共收集了 17015t 服装和鞋类，其中 63% 进行再次穿着，37% 被资源化利用或者能源化利用。在英国推出二手平台，通过修复、二手服装销售和捐赠，延长服装的使用寿命。

（3）在技术创新层面

Inditex 集团与 Nextevo 和 Re:newcell 等多家初创公司推出了多个产品系列；还与 Infinited Fiber 签署了金额超过 1 亿欧元的第一份远期购买承诺。与西班牙 Cáritas 合作开展机械回收项目，推出回收物含量高达 100% 的产品，其中包括 30% 消费后废旧纺织品。投资支持 CIRC 的涤棉混纺织物分离再生技术。与巴斯夫合作回收聚酰胺（CCycled 和 BMB Ultramid®），还与巴斯夫等机构联合开发了减少微纤维脱落的洗涤剂，可以降低洗涤温度、保持衣物颜色鲜艳、延长服装寿命。与 CHT 集团共同开发了一种新型染色剂 PIGMENTURA，可减少 96% 的耗水量，与其他连续染色技术相比，还可以节省高达 60% 的能源。

（4）在包装层面

2020 年，去除了门店和在线订单包装中的塑料制品；用于运输和分销产品的绿色包装箱中含有 75% 以上的消费后再生纸板；还设定了到 2023 年彻底淘汰一次性塑料的目标。

（5）在供应商层面

2022 年，Inditex 集团与 1729 家直接供应商合作，由 8271 家工厂来生产产品。Inditex 集团对供应商提出新的可追溯性要求，严控供应商机制，通过记录“首选纤维材料”的原产地或生产设施来证明其使用情况。2022 年，共实施了 487 项社会行动计划和 547 项环境行动计划，用于对不符合要求的供应商进行行动纠正。

（6）在资源和环境层面

2022 年，Inditex 集团通过了时尚产业气候行动宪章（*the Fashion Industry Charter for Climate Action*）的新目标，集团总部、物流中心、工厂和商店的设施所消耗的电力 100% 来自可再生能源；还签署了虚拟购电协议（VPPA），以开发新的可再生能源发电能力。2022 年，通过为 240 多家工厂提供良好的水管理实践，并帮助湿法处理工厂适应废水管理和使用认证化学品的零排放标准，Inditex 集团相对用水量减少了 17%。

（7）在社会层面

2022 年，开展了 725 项社会和环境举措，直接惠及 300 多万人，捐款超过 8700 万欧元。如与世界自然基金会（WWF）建立战略联盟，以恢复欧洲、亚洲、非洲和拉丁美洲濒临灭绝的生态系统；与保护国际基金会（Conservation International）达成协议，加入自然再生基金（Regenerative Fund for Nature），支持时尚产业原材料生产向再生农业实践过渡。

Inditex 集团可持续发展目标：2023 年，100% 棉、100% 再生纤维素纤维来源于“首选纤维材料”；公司总部、物流中心、自有工厂和自有商店零废物；彻底淘汰一次性塑料；在供应链中回收利用所有包装材料。2025年，100%聚酯纤维、100%亚麻纤维来源于“首选纤维材料”，供应链的用水量减少25%。到2030年，在自营和供应商的设施（一级和二级）中不使用煤炭。2040年，实现净零排放。

2. 迪卡侬（Decathlon）

迪卡侬创立于1976年，是全球知名综合体育用品集团，集运动用品研发、设计、生产、品牌、物流及全渠道销售为一体的全产业链公司。

（1）在原料方面

户外摇粒绒产品100%使用再生聚酯制造。以原液着色的色纱为原料，制作Arpenaz10背包和微纤维游泳毛巾等产品，相较于传统染色工艺，可减少58%的碳排放量，节省40%的水。通过提取甘蔗渣纤维加工制造出可降解的环保原材料，推出由环保材料纸浆模制成的新款泳镜盒取代传统的塑料泳镜盒。

（2）在运营和管理方面

迪卡侬在中国已经有了非常完善的循环经济价值链，从设计、生产、销售到回收，覆盖了产品的整个生命周期，开展了滑雪板、桨板、帐篷等大型户外设备租赁，在全国23个省份70家门店开展的二手童车交易，以及门店配套的维修工作室服务等。迪卡侬在多家门店推出的回收衣架、回收电子手表等项目。目前，迪卡侬门店和仓库使用的电能55.6%来源于可再生能源。在中国，迪卡侬98%的门店使用绿色环保的LED灯光。2016年起，迪卡侬在中国的所有自持建筑均通过LEED绿色建筑认证，其中位于上海浦东的亚洲实验店更获得LEED金奖认证。

（3）在包装方面

通过逐步消除产品包装中的一次性塑料或对其进行回收利用来限制一次性塑料的使用。

（4）在物流运输方面

迪卡侬中国于首次制定了物流方面的2026年低碳蓝图，旨在用新技术让物流变绿，赋能低碳消费和低碳商业模式。并携手更多生态系统合作伙伴，共同探索系统化的创新解决方案。

（5）在环保方面

每年 6 ~ 8 月迪卡侬会开展水上运动环保月活动，号召广大运动用户在体验桨板、潜水等水上运动乐趣的同时，共同清理海洋垃圾。自 2018 年起，每年都会举办世界清洁日活动，至今已在 46 个城市举办 236 场活动，清理垃圾数量达 5750kg。

迪卡侬承诺：到 2026 年，不再使用一次性塑料包装；实现 100% 产品采用生态设计；全球门店、仓库使用的电力 100% 来源于可再生能源，同时支持合作伙伴也实现 100% 可再生能源。在 2026 年之前，实现包含所有营业范围内的每件产品平均二氧化碳排放量减少 40%；实现所有运营的国家里的所有物流配送活动使用 100% 可再生能源电力。

3. 李维斯（Levi's）

李维斯（Levi's）是美国的牛仔裤品牌，由李维·斯特劳斯（Levi Strauss）创立。1853 年，Levi Strauss 成立了生产帆布工装裤的 Levi Strauss & Co. 公司。1873 年，Levi Strauss 和 Jacob Davis 把纽扣牛仔裤上所用的“撞钉”注册专利。Levi Strauss 公司设计与销售男士、女士和儿童牛仔装、休闲服饰及相关配件。

（1）在原料层面

2022 年，99% 以上的棉花来自有机棉花、回收利用或者更好棉花等更可持续来源，100% 纤维素纤维来自经 Canopy 组织“绿色衬衫”（Green Shirt）认证的供应商，60% 以上的皮革制品来自英国皮革认证（Leather Working Group，LWG）的供应商，11% 聚酯来自再生聚酯。

2021 年，李维斯推出了 Levi's®Circular 501® 牛仔裤，由单一成分纤维制成，100% 使用纯纤维素纤维替代通常由合成纤维制成的服装部件（如聚酯口袋、线、标签和连接处），即采用 60% 认证的有机棉与 40% 的 Re:newcell 公司的 Circulose® 纤维（以消费后纺织品为部分原料的黏胶纤维）混纺而成，实现整条牛仔裤的高效循环再生特性。

（2）在构建产业链层面

李维斯参与了欧洲的“Fashion for Good”项目，为废旧纺织品和回收企业建立匹配的解决方案，研究服装回收问题，以评估纺织品收集和分类的基础设施需求，制定投资路线。还参与了印度的分拣项目，旨在研究消费前和消费后废旧纺织品的数量和用途。在门店内提供旧衣物回收、二手服装销售、旧衣物修补和翻新等服务，以延长服装的使用寿命。

（3）在供应链层面

2022 年供应链的温室气体排放量同比 2016 年减少了 23%。65% 的主要供应商完成了有害化学物质零排放计划（Zero Discharge of Hazardous Chemicals，ZDHC）的入门级供应商认证，35% 完成了进阶级供应商认证。李维斯实现了化学品管理关键绩效指标（Key Performance Indicator），2022 年获得了 ZDHC 的愿景级认证。

（4）在资源和环境层面

2021 年，水资源高度紧缺地区的生产用水量比 2018 年减少 14%。2022 年，自营设施的温室气体排放量比 2016 年减少了 71%，90% 的电力来自可再生电能。

李维斯的可持续发展目标：2025 年，供应链的温室气体排放量比 2016 年减少 40%；自营设施的温室气体排放量比 2016 年减少 90%、100% 使用可再生电能；水资源高度紧缺地区的生产用水量比 2018 年减少 50%。2026 年，战略性服装湿整理生产和纺织厂使用 100% 认证的化学品。2030 年，面向消费者的包装使用 100% 可重复使用、可回收或者可堆肥的塑料、淘汰一次性塑料；自营设施实现零废物填埋、战略供应商达到 50% 的废物转移；只使用第三方首选或经认证的更可持续的原料。最迟于 2050 年实现净零排放。

4. **彪马（PUMA）**

彪马（PUMA）是德国运动品牌，致力于设计、开发、销售并营销各种鞋类、服装以及配件产品。

（1）在原料方面

2021 年，彪马有 46% 的鞋类产品至少包含一种可持续材料，近八成的服装和六成的配饰增加了至少 50% 的可持续材料使用量。彪马针对运动时尚、跑步、训练以及赛车运动，推出了 RE：COLLECTION 系列产品，均由回收棉和聚酯纤维制造。根据款式的不同，每件 RE：

COLLECTION 产品的回收材料含量为 20% ~ 100%，裁剪废料被用于强化 RE：COLLECTION 时尚鞋履的鞋帮。PWRFrame TR 训练鞋鞋面采用了至少 30% 的回收材料；紧身衣采用了至少 70% 的回收材料。

（2）在包装方面

PUMA 推出可持续鞋盒，由 95% 以上的可回收材料制成，预计每年可节省约 2800t 纸板，同时，PUMA 开始从回收或认证的来源采购纸板和纸包装。

（3）在供应链层面

要求供应商通过 IPE（公众环境研究中心）运营的蔚蓝地图网站或 APP，追踪自身的环境表现，一旦出现环境违规问题，供应商应与 IPE 沟通并及时披露整改措施；应彪马要求填报并披露污染物排放与转移（PRTR）数据。

（4）在运营和管理方面

2017—2021 年，彪马在实现业务强劲增长的同时，其自身业务和供应链的碳排放量分别减少了 88% 和 12%。通过可再生能源电价和可再生能源属性证书采购 100% 可再生电力，将公司车队换为电动车辆，在工厂层级使用更可持续的材料并改善效率，从而达成了减排目标。

到 2023 年，商店不再使用塑料袋。到 2025 年，彪马服饰使用的聚酯纤维将有 75% 来自回收资源；90% 的产品采用可持续材料生产，并减少整个生产链中水和化学药品的消耗；在 100% 主要市场实施产品回收计划；将减少 50% 的垃圾填埋场。

5. **始祖鸟**（Arc'teryx）

始祖鸟（Arc'teryx）是 1989 年创立于加拿大温哥华的运动品牌，产品主要用于徒步、攀登和冰雪等。1996 年 Arc'teryx 获得了 WLGore 公司使用 GORE-TEX 织物的授权，开始生产其崭新的户外技术服装系列，在十几年内，成为北美乃至全球领导型的户外品牌。其母公司 Amer Sports Corporation（亚玛芬体育）旗下拥有加拿大运动品牌 Arc'teryx（始祖鸟）、法国山地户外越野品牌 Salomon（萨洛蒙）、美国网球装备品牌 Wilson（威尔逊）、瑞典户外品牌 Peak Performance（壁克峰）等，产品遍布服装和鞋类、网球装备、滑雪装备、运动腕表、跑步机等。

（1）在原料层面

2022 年，始祖鸟 7% 的尼龙、32% 的聚酯、86% 的棉花都来自“首选纤维材料”。

（2）在设计层面

2022 年，制定《循环设计原则》，通过三个关键指标来指导产品设计，一是考虑性投入，设计过程优先使用低影响、可回收和 / 或再生材料，并最大限度地减少浪费；二是耐用性，产品设计时考虑到使用寿命，通过提供最高级别的耐用性、可维修性和功能性，使装备避免被填埋；三是末端处理，设计之初就考虑到报废问题，无论是回收利用还是再次使用。

（3）在构建产业链层面

首家 RcBIRD™ 服务中心在纽约市成立，2022 年在美国、加拿大、中国和日本新增了五家分店。ReBIRD™ 项目涵盖三大核心内容：一是在专门的服务中心提供护理和维修业务（ReCARE），二是提供转售电子商务平台（ReGEAR），三是为多余材料提供报废升级方案（ReCUT）。2022 年，通过 ReBIRD™ 项目，Arc'teryx™ 节省了超过 30000kg 碳，ReBIRD™ 业务量也同比翻番。实践显示，通过 ReCARE 正确的产品保养和维修，如定期清洗和根据需要重新防水处理，可以将服装的使用寿命延长 32%；2022 年 ReGEAR 的再销售量比 2021 年增长了 30%；通过 ReCUT™ 将多余的原材料制成新的限量版产品，如粉笔袋和羽绒毯。

（4）在资源和环境层面

2022 年，5% 的最终产品和 14% 的原材料使用可再生能源生产；Arc'teryx 通过使用可再生能源证书（Renewable Energy Certificates），保证 100% 采购可再生能源电力。2022 年，始祖鸟已有 9 家一级供应商和 22 家二级供应商在其生产设施的能源组合中使用可再生能源。2022 年，始祖鸟的一级供应商已经完全淘汰煤炭，二级供应商中有六家在使用煤炭（其中一家已经在逐步淘汰），其余供应商也制订了具体的淘汰计划。

范围 2（外购能源产生的间接排放）排放量降至 0，范围 1（自有或受控来源的直接排放）和范围 2 的总体排放量比 2018 年减少了 57%；范围 3（价值链中所有间接排放，包括上游和下游排放）排放量比 2018 年减少了 55%。

始祖鸟的可持续发展目标：2025 年，50% 的尼龙、75% 的聚酯、100% 的棉花都来自“首选纤维材料”。2030 年，100% 的尼龙、100% 的聚酯、100% 的棉花都来自可回收或低影响可追溯的“首选纤维材料”；范围 1 和范围 2 的温室气体绝对排放量比 2018 年减少 65%，范围 3 的单位增加值温室气体排放量比 2018 年减少 65%；至少 50% 的最终产品和原材料使用可再生能源生产。2050 年，将全球变暖幅度控制在 1.5℃以下，实现净零排放。

6. 博柏利（Burberry）

博柏利（Burberry）创立于 1856 年，是英国的奢侈品品牌和英国皇室御用品，极具英国传统风格。经营的产品包括女装、女装配饰、手袋和鞋履、男装、男装配饰、童装、化妆品、香水、手表、家具用品及礼品等。

（1）在原料层面

启动了原材料可追溯计划。2022/2023 财年，31% 的棉花获得了有机认证，44% 的尼龙和聚酯纤维获得再生认证，100% 黏胶纤维获得 Canopy 组织“绿色衬衫”（Green Shirt）认证，46% 的软配饰和针织品中的羊毛获得认证，96% 的皮革采购自经认证的制革厂，原生羽毛和羽绒 100% 通过“羽绒责任标准”（Responsible Down Standard）认证，93% 的纸基包装获得了 FSC™ 认证。

（2）在包装层面

取消零售袋和礼品盒上的塑料压板，改用可广泛回收和重复使用的纸基材料制成。用棉质丝带取代聚酯丝带。开始推出无塑料防尘袋、服装套和无塑料标签锁的吊牌。Burberry 的橡木纸和开心果纸获得了森林管理委员会（Forest Stewardship Council™）的认证，含有至少 40% 的消费后再生成分。Burberry 的服装套目前由 100% 再生聚酯纤维制成，衣架至少含有 60% 的再生塑料。

（3）在构建产业链层面

2022 年 9 月在全球部分门店推出了“羊绒翻新”服务，并于 2023 年

3 月在英国和美国部分门店推出了“运动鞋翻新”试点。截至 2022/2023 财年末，Burberry 在 33 个国家和地区的 300 多家门店提供了一种或多种售后服务，近 45000 件产品获得了修复或更新。2022/2023 财年，来自主要运营地点的 99.5% 废物避免了垃圾填埋。2020/2021 财年，Burberry 与英国时装协会合作推出了 ReBurberry 面料计划，将剩余的面料捐赠给时装设计专业的学生，鼓励年轻人考虑材料采购的新方式；2022/2023 财年捐赠的面料总量超过 22 万米，平均分配给 32 所大学。

（4）在供应链层面

全球 73% 的成品供应商使用可再生能源电力。全球有 33 家成品供应商参与了 Burberry 的废弃物减量和循环利用计划。评估了 84% 的原材料供应商和成品供应商的水资源恢复力（Water Resilience）。绿色原材料供应商交付的产品比例从 14% 提高到 45% 以上。超过 85% 的直接供应链合作伙伴通过了 ZDHC 的供应商零计划（Supplier to Zero）认证，连续第二年获得 ZDHC 愿景级认证。Burberry 再生基金（Burberry Regeneration Fund）与 PUR 建立合作关系，同澳大利亚的羊毛生产商一起推广再生农业实践，该项目于 2021 年进行试点，并于 2023 年扩大到 12 个农场。

（5）在资源和环境层面

2022/2023 财年，Burberry 自营设施中使用 100% 可再生能源电力。2022/2023 财年，范围 1 和范围 2 的温室气体排放量比 2016/2017 财年减少 93%；范围 3 的温室气体排放量比 2018/2019 财年减少 40%。

博柏利的可持续发展目标：到 2025 年，致力于天然林的可持续管理，并在产品和供应链中实现零砍伐森林。到 2025/2026 财年，消除消费者包装中的塑料，到 2029/2030 财年，消除运输包装中使用的不必要塑料，并最大限度地提高再生成分（至少 50% 的塑料由再生成分制成）。到 2029/2030 财年，产品中 100% 的关键原材料都要经过认证并可追溯，100% 认证有机棉、100% 认证再生尼龙和聚酯、100%Canopy 组织“绿色衬衫”（Green Shirt）认证的黏胶纤维、100% 认证羊毛、100% 认证皮革、100% 来源可靠的羽毛和羽绒。到 2022/2023 财年，将范围 1 和范围 2 的温室气体排放量减少 95%，并保持这一目标，直到 2039/2040 财年；到 2029/2030 财年，范围 3 温室气体排放量比 2018/2019 财年减少 46%，到 2039/2040 财年减少 90%。2040 年实现对气候的积极影响。

7. **古驰**（Gucci）

古驰（Gucci）创立于 1921 年，是意大利奢侈品品牌，产品包括时装、皮具、皮鞋、手表、领带、丝巾、香水、家居用品及宠物用品等。古驰隶属于开云集团（Kering Group），旗下拥有一系列时装、皮具、珠宝及腕表等知名品牌。

（1）在原料层面

2022 年，Gucci-Up 项目回收并升级再造 350t 皮革边角料、298t 纺织边角料和 67t 金属废料。2022 年，通过 Gucci 无废料计划节约了 91000m 皮革，自 2018 年启动以来，共节约 329434m^2 用料，2022 年相当于节约 477MW・h 的能源，减少使用 75t 化学品（包括 10t 铬），减少超过 73.4t 废物，节约 5.80×10^6L 水。

2022 年 Gucci 提高了原材料的可追溯性，整体可追溯率达到 97%。有机棉或再生棉的使用量从 2021 年的 61% 增加到 74%；有机、再生或负责任来源羊毛和羊绒的使用量从 2021 年的 47% 增加到 60%。采用了更多金属或无铬皮革，占皮革总用量的 49%，高于 2021 年的 40%；有机丝绸覆盖率达到 46%,同比增长一倍；继续采购 100% 负责任来源的贵金属（再生银、再生钯皮革和符合道德标准的黄金）和 100% 负责任管理森林来源的纸张。

（2）在供应链层面

支持乌拉圭的再生羊毛项目，在 10 万公顷土地上采用再生农业实务，预计可取代 19% 的传统羊毛；意大利威尼托大区阿尔帕戈的再生羊毛项目，支持农民合作社利用自然养殖方式并遵循古老牧民传统，2022 年再生羊毛取代了 11% 的 Gucci 传统羊毛；卡拉布里亚的再生丝绸项目，支持重新发现传统手工艺技能并创造就业机会；西西里岛的再生棉项目，支持重振棉花生产业并恢复意大利的棉花供应链的试点项目，2022 年再生棉已取代了 Gucci 传统棉花使用量的 2%。

（3）在资源和环境层面，2022 年，范围 1 和范围 2 的绝对温室气体排放量减少 68%，范围 3 的温室气体排放量比 2015 年减少 55%。2022 年，实现了全球直营门店 100% 使用可再生能源。2022 年，拥有 111 间 LEED 认证商店和 4 个 LEED 认证办公场所。

古驰的可持续发展目标：2025 年或之前，实现 100% 使用无金属或无铬鞣制皮革；以 2015 年为基线，将总环境影响减少 40%，温室气体排放减少 50%。2025 年，LEED 认证商店增加到 380 间。2030 年，将全球变暖幅度控制在 1.5℃以下，减少温室气体排放量；以 2015 年为基线，将范围 1 和范围 2 的绝对温室气体排放量减少 90%，将范围 3 的单位附加值温室气体排放量减少 70%。

8. **兰精集团**（Lenzing）

兰精集团始建于 1938 年，总部位于奥地利，是全球再生纤维素纤维研发和生产的领先者之一，产品范围包括溶解浆、常规及特种纤维素纤维以及工程服务。旗下品牌包括：TENCEL™（天丝）、EcoVero™（环生纤）、VEOCEL™（维绎丝）和 LENZING™（兰精）。

兰精集团的 REFIBRA™ 悦菲纤™ 技术将生产服装剩下的废棉升级再造，与木浆一起成为原料，用于生产全新的天丝™ 莱赛尔纤维，制造面料及服装。FIBRA™ 悦菲纤™ 技术基于斩获大奖的天丝™ 莱赛尔纤维闭合式生产工艺，是兰精公司促进纺织业发展循环经济的开端。

2021 年初，兰精推出了采用 Indigo Color 技术的天丝™ 莫代尔纤维，利用原液着色技术直接将靛蓝染料融入天丝™ 莫代尔纤维，节水节能的同时，还具备极其优异的耐干湿摩擦色牢度。2021 年，兰精还推出了采用悦菲纤™ 技术的零碳天丝™ 莱赛尔纤维，表明了兰精坚定履行打造真正可持续发展的纺织行业的承诺，不仅通过减少碳足迹，还凭借悦菲纤™ 技术增加行业的可循环性。2022 年，兰精位于泰国的莱赛尔工厂投产，该工厂可提供可持续的生物能源；位于巴西木浆厂则可将 50% 以上的发电量作为绿色能源送入该国公共电网；此外，兰精还将追加对于印度尼西亚工厂、中国南京工厂的投资，将现有的标准黏胶转型为符合欧盟环保标准的环保特种纤维。

兰精还从节能减排、循环经济着手，多维度开发了诸多更具备可持续性的新产品。从零碳天丝^{TM}品牌纤维推出至今，零碳天丝^{TM}纤维的合作已覆盖内衣、外穿衣、牛仔、家纺等多个纺织服装细分领域，并得到了产业链合作伙伴及知名品牌客户的积极响应。兰精正在扩大与全球时尚品牌的合作，将零碳天丝^{TM}纤维融入各品牌的最新产品系列中。通过“减排、参与、抵消”的方法，兰精还与供应链合作伙伴紧密合作，开展原材料使用和技术方面的创新，为纺织市场带来可持续发展的全新纤维产品。

兰精的可持续发展目标：在2024年前使其75%的纤维产品收入来自天丝、兰精环生纤和维绎丝纤维等环保特种纤维。兰精与森林业主协会（Södra）合作，扩大消费后废料生产的浆粕的产能，到2025年，每年处理2.5万吨纺织废料。2030年将每吨产品的碳排放量降低50%，到2050年实现碳中和。

9. **森林业主协会**（Södra）

Södra成立于1938年，是瑞典最大的森林业主协会，拥有53000名会员。Södra开发的OnceMore^{TM}产品是基于废旧纺织品回收技术生产的溶解浆粕。2019年，Södra Mörrum浆厂将20t废旧纺织品用于生产浆料，废旧纺织品来源于瑞典的洗涤和纺织品服务提供商Berendsen，包括医院和宾馆的废旧床单、毛巾、桌布和浴袍。目前，Södra仅能处理白色纺织品。Södra的发展目标是找到合适的脱色解决方案，研究从涤棉混纺中提取棉类产品的可能性及处理黏胶纤维和莱赛尔纤维。唐山三友集团兴达化纤有限公司利用瑞典Re：newcell的Circulose^{TM}和Södra的OnceMore^{TM}废旧棉纺织品再生溶解浆与经可持续认证的木浆混合，生产含有回收棉的黏胶短纤——唐丝$^{®}$ ReVisco^{TM}。该产品的开发，是履行黏胶短纤维生产减少对天然原材料依赖的承诺，将进一步降低森林采伐量，对保护地球生态具有持续积极的作用。

10. Re：newcell

Re：newcell成立于2012年，是一家瑞典的纺织品循环利用公司。Re：newcell开发了一项可以将消费后棉类纺织品制成纤维素浆粕Circulose$^{®}$的专利技术，Circulose$^{®}$溶解浆可以用于生产新型优质纺织纤维，目前Re：

newcell 每年生产约 7000t Circulose® 面料。2019 年 6 月，唐山三友成功量产了一种新的黏胶短纤维，其中 50% 原料来自消费后回收的棉织品，再生棉浆由瑞典公司 Re:newcell 提供，剩下的 50% 由森林管理委员会（FSC）认证的木浆制成，并由 Canopy 模式审核。随着进入全面商业化阶段，Re:newcell 还计划在欧洲建厂，新工厂设计产能约为 6 万吨。

11. Infinited Fiber

Infinited Fiber 是一家芬兰的生物技术公司，Infinited Fiber 研发了一种循环解决方案，可以将废弃的纺织品转化为高质量的、基于生物技术的再生纤维。Infinited Fiber 的专利技术可以将任何富含纤维素的材料，如纺织废料、用过的纸板和木材，转变成可以与原始纤维媲美的全新天然纤维。在生产过程中，这种耐染色纤维可以单独使用，也可以与其他纤维混合使用。该技术的独特之处在于，它本质上可以反复回收利用，因为在处理过程中除去塑料残渣和杂质后，纤维可以进行生物降解。

Infinited Fiber 最近获得了 6 家时尚服装世界知名品牌的认可。6 家支持 Infinited Fiber 的时尚服装品牌包括丹麦时尚集团 Bestseller、PVH Corp 集团、牛仔品牌牧马人（Wrangler）、户外服装品牌 Patagonia 公司和全球最大的湿巾用非织造布供应商之一的 Suominen 公司。

12. Loop Industries

Loop Industries 成立于 2015 年，Loop Industries 的专利技术可以将废旧 PET 塑料和涤纶类废旧纺织品解聚成单体，经过过滤、纯化和聚合，制成适用于食品级包装和聚酯纤维的原生品质 Loop™ 品牌 PET 树脂，Loop™PET 塑料和聚酯纤维可以在不降低质量的情况下无限循环利用，成功实现闭路循环。

（1）在原料层面

100% 来自废旧 PET 塑料和涤纶类废旧纺织品，包括 PET 塑料瓶和包装，任何颜色、透明度的聚酯类地毯和纺织品，甚至是被太阳和盐降解的 PET 海洋塑料。

（2）在技术创新层面

首先将废旧 PET 降解为对苯二甲酸二甲酯（DMT）和单乙二醇

（MEG），然后将 DMT 和 MEG 单体纯化和聚合（或重新组合）成 Loop™ 品牌的 PET 塑料和聚酯纤维，最终产品由 100% 再生成分构成。Loop Industries 采用低热量、无加压解聚技术，可减少温室气体排放、降低成本、提高产量，再生 PET 产品通过了 FDA 认证。

（3）在资源和环境层面

Loop Industries 将其生产的再生 PET 与化石燃料生产的原生 PET 进行了生命周期评估，结果显示其再生 PET 的全球变暖潜能（GHG）降低了 79%、一次能源需求量减少了 67%（非可再生能源）；与原生 PET 相比，利用 Loop Industries 的低能耗技术，生产 7 万吨的 Infinite Loop™ 可以节省多达 36 万吨的二氧化碳。

Loop Industries 的发展目标：首个大规模商业化生产设施计划于 2025 年底投入运营，目标在未来 10 年内建造 10 个 Infinite Loop™ 设施、年产量为 100 万吨。

欧洲、美国、加拿大、日本等国家及地区废旧纺织品综合利用企业发展现状及趋势见表 2-2 ~ 表 2-4。

表 2-2　欧洲废旧纺织品综合利用企业发展现状及趋势

序号	国家	企业	内容介绍
1	瑞典	森林业主协会（Södra）	瑞典的森林业主协会 Södra 的新技术可以将棉与聚酯混纺布料分离成纯棉和原生聚酯材料，然后将纯棉纤维添加到 Södra 纺织用途的木材纸浆中，用于生产新纺织品。Södra 的 OnceMore® 纸浆是一种用于纺织领域的高 α- 纤维素纸浆。它具有优异的可加工性和高亮度，在纯度、质量和性能方面与用于黏胶和莱赛尔生产的溶解浆相同；不同之处在于，OnceMore® 纸浆部分包含了部分回收纺织品，是一种既可回收又可再生的原料。Södra 在 2025 年的目标是提供由木材和 50% 回收纺织材料为原料的纸浆
2	瑞典	极星（Polestar）	Polestar 是沃尔沃和吉利控股共同拥有的一个品牌，专门打造高性能电动车。Bcomp 公司研发的 powerRibs 和 ampliTex 两种技术可以将天然纤维转变为汽车的轻质内饰板。Polestar 的座椅准备使用 3D 针织物，以减少浪费并简化原材料的处理过程。在制造组件的过程中，使用单线，并采用从 PET 瓶获得的 100% 回收纱线。该公司还可以将加工葡萄酒的软木塞和钓鱼用的渔网作为可再生原料用于汽车内饰的设计

续表

序号	国家	企业	内容介绍
3	英国	博柏利（Burberry）	2019年8月，英国奢侈品牌博柏利（Burberry）推出了由再生尼龙面料ECONYL制作的外套胶囊系列，ECONYL是一种再生尼龙面料，由意大利尼龙纱线生产商Aquafil研发，原料来自渔网、织物废料、地毯地板和工业塑料等从垃圾填埋场和海洋垃圾中回收而来的塑料。2019年10月7日是全球寄售日（National Consignment Day），Burberry宣布与美国二手奢侈品寄售网站The RealReal建立合作关系，共同为时尚行业打造更可持续的未来。Burberry推出全新可持续环保系列“ReBurberry Edit”。据报道，该系列包括2020年春夏装的26个款式，产品全部采用新兴的环保面料制作。如眼镜采用了最新的生物基醋酸纤维技术；风衣、大衣、斗篷和其他配饰由再生渔网、织物碎片和工业塑料制成的再生尼龙ECONYL® 制成。我们在多种产品中使用创新型材料。ECONYL® 系列选用由再生渔网、织物废料和工业塑料制成的可持续尼龙面料；新推出的生物基尼龙面料由蓖麻油与塑料瓶基再生聚酯纤维制成。到2025年，在尼龙和聚酯纤维为主要材料的产品中，我们将100%使用认证的再生尼龙和再生聚酯纤维
4	奥地利	兰精集团（Lenzing）	奥地利特种面料生产商兰精集团（Lenzing）推出一种新型环保黏胶纤维EcoVero，作为传统黏胶的替代品，能大幅降低对环境的影响。EcoVero由通过FSC、PEFC可持续认证的欧洲木材制作，取代了以往黏胶以竹子和桉树为原材料的做法。EcoVero原材料使用的树木超过60%取材自奥地利和巴伐利亚地区，以确保低排放。兰精生产的VEOCEL™ 纤维素纤维取材于来自经认证的受控森林和人工林的可再生木材，通过一系列环保的闭环生产工艺制成，在土壤中是完全可堆肥的。2019年9月，兰精集团（Lenzing）对REFIBRA™ 专利面料技术进行了升级，将原材料中消费前的废弃棉材料比例提高至30%；在此次再次升级之后，新一代的REFIBRA™ 技术可以让原材料中使用20%的消费前废弃棉，以及10%的消费后废弃棉。目前，这两代REFIBRA™ 专利面料技术均已实现量产。利用REFIBRA™ 专利面料技术生产的TENCEL™ Lyocell纤维是一种100%生物基化学纤维，其生产和加工工艺已经形成了环保闭环：所用的原木材料来自可持续管理下的森林和废纸，棉材料则来自消费前和消费后的废弃棉，所制成的衣物也能够实现生物降解。据报道，兰精集团预计在2024年实现50%的回收棉比例。兰精集团还和Södra携手合作，扩大消费后废料所生产木浆的产能，目标是到2025年，每年处理2.5万吨纺织废料

续表

序号	国家	企业	内容介绍
5	德国	彪马（PUMA）	PUMA 携手环保公益组织 First Mile（最初一英里）共同开发了可回收塑料制成的环保系列产品。First Mile 将废弃塑料瓶进行分类、清洁、切碎，再制作成纱线，用于制造产品。PUMA 联合 FIRST MILE 在 2020 年的产品中，已经从垃圾填埋场和海洋中重新利用 40t 以上的塑料废弃物，约为 1980286 个塑料瓶。在这个品牌联名的系列产品中，包括鞋、T 恤、短裤、裤子和夹克，大量使用了 First Mile 的再生纱线。2021 年，PUMA79% 的服装和 60% 的配饰包含至少 50% 的可持续材料（按体积计算）；在所有产品系列中使用了 43% 的再生聚酯；46% 的鞋类含有至少一种可持续成分（按体积计算）；所用的棉花 99% 为可持续来源。到 2025 年，PUMA 的目标是 90% 的服装和配件包含至少 50% 以上的可持续材料；使用 75% 的再生聚酯（服装和配件）；90% 的鞋类含有至少一种可持续成分；所用的棉花 100% 为可持续来源
6	德国	巴斯夫公司（BASF）	BASF 公司在聚酰胺解聚方面进行了多年的研究，开发了多个由聚酰胺 6 废料制备己内酰胺的方法。巴斯夫开发了一种废旧床垫的化学回收工艺，并开始在德国勃兰登堡（Brandenburg）施瓦茨海德（Schwarzheide）工厂进行试验。废旧床垫回收处理后，将用于生产新的床垫。巴斯夫推出用于分拣聚酰胺塑料垃圾的新工具。巴斯夫集团的全资子公司 TrinamiX 公司利用移动近红外光谱分拣聚酰胺 6（PA6）和聚酰胺 66（PA66）。在几秒内，TrinamiX 解决方案可以使用测量装置对这两种聚酰胺塑料废料进行分类
7	意大利	古驰（Gucci）	2016 年以来，Gucci 已开始使用 100% 再生尼龙物料，该系列从成衣、配饰、鞋履到手袋，均采用了有机、天然和可持续材料来制造，其中一大部分由 100% ECONYL® 再生尼龙制成。Gucci 还推出可百分百回收利用的环保手提袋，并发布由可生物降解塑料制成的鞋、停止使用 PVC 材料、成为第一个使用 100% 可再生且可永久重复利用面料的奢侈品牌等。2020 年 6 月，Gucci 推出了主打环保的新系列 Gucci Off The Grid。该系列以 Econyl（一种由废弃的渔网和从海洋中打捞而来的废弃渔具制成的再生尼龙）为主要原材料，首批产品包括成衣、裤子、手提袋、背包、迷你包、鞋类和其他配饰。2020 年 10 月，Gucci 与美国二手奢侈品电商龙头企业 The RealReal 展开为期数月的合作，以促进时尚奢侈品领域的循环经济

续表

序号	国家	企业	内容介绍
8	意大利	杰尼亚（Zegna）	杰尼亚除了设计上使用再生纤维的面料及纤维混纺织物，确保面料护理洗涤过程中采用废水处理工艺，不会产生额外的环境污染。且重视土地荒漠化，并造就了意大利比耶拉山区美丽的自然秘境——“杰尼亚绿洲”。Zegna 推出名为 Oasi Cashmere 的供应链全程可追溯羊绒系列，旨在打造全新的环保商业模式。该系列每件衣服上都有一个二维码，记录了产品完整的生产流程：从牧场到纺纱、针织，再到最终成品。这些二维码还为客户提供了一场关于 Oasi Zegna（杰尼亚绿洲）的可视化之旅。Oasi Cashmere 项目还是品牌实现到 2030 年所有面料可追溯认证这一承诺的首批活动之一。Zegna 承诺到 2024 年，该系列中使用的羊绒纤维将全部通过可追溯认证
9	意大利	芙拉（Furla）	Furla 与多家始终践行可持续环保理念的意大利公司携手合作，推出了第一款可持续环保系列——Re-Candy 手袋，旨在致敬原创、即时、现代的设计风格。Re Candy 系列的设计遵循了循环经济原则：整个系列的产品均由可再生塑料制成，同时这些材料均由一家经过认证的、100% 使用可再生能源的意大利公司负责生产。Re-Candy 系列所有配件的设计也遵循了可持续环保原则。产品标签由经 FSC 认证的纸张制成，同系列的背包则采用了天然颜料染制的再生棉制作，所有的配件和肩带也均由再生材料制成。此外，为避免使用污染性油墨，包身的 Re-Candy 字样和 FURLA Logo 均采用压印工艺制作。Re-Candy 系列的产品不仅耐用度高，使用后还可以完全回收
10	意大利	健乐士（GEOX）	健乐士（GEOX）推出了鞋面材料由回收塑料瓶制成的 Trcycle NEBULA 系列运动鞋，运用特殊的技术工艺，将 2.5 个回收塑料瓶制成鞋面材料聚酯纱线。2022 年，GEOX SPHERICA 可持续环保系列全新亮相，印证了品牌在可持续方向发展的承诺宣言。其鞋面将 ECONYL 纱线（一种通过回收海洋中的渔网制成的再生尼龙纱线）与绒面毛毡材料巧妙结合，并融合了缓冲透气防水鞋底的优势与先进的技术，满足无与伦比的舒适需求。2022 年，ACBC X GEOX 全新男女秋冬胶囊系列由 GEOX 与 ACBC 合作推出，此款鞋底采用 ReEVA（一种通过与回收的生产后的橡胶混合来减少 EVA 数量的化合物），内层使用 ReCotton（从回收的棉织物或生产下脚料中获得），而鞋面则是由 FreeBio 制成（一种用回收材料和天然填充物，如木纤维和碳酸钙，制造的动物皮革的替代品）
11	意大利	艾熙（ASH）	艾熙（ASH）的环保鞋履系列 RE/ASH 提供兼具潮流时尚设计、性能品质良好的产品，激励客户更加用心体会。该系列采用三种时尚前卫的风格，将精湛的设计与可持续和环保的材料相结合，如再生皮革、再生聚酯、生物多元醇、玉米淀粉、无金属皮革和无铬皮革，其中许多原材料都经过了国际机构的独立测试或认证，包括 GRS（全球回收标准）、LWG（皮革工作组织）和 OEKO-TEX（国际生态纺织品认证机构）等

续表

序号	国家	企业	内容介绍
12	荷兰	德纳姆（Denham）	荷兰牛仔制造商 Denham 和数十年致力于可持续牛仔布生产的 Candiani 合作，推出了一款可生物降解的弹力牛仔布。这款新型弹力牛仔布基于 Candiani 获得专利的 Coreva 弹力技术（Coreva Stretch Technology），由包裹在天然橡胶芯上的有机棉制成，不含任何塑料或微塑料材质，同时保持了牛仔布的弹力拉伸性能。2018 年 8 月，Denham 搭载 Candiani Kitotex® 新技术的首班车，率先推出了首批环保丹宁服饰，不仅可以使丹宁服饰在生产过程中减少能耗以及化学物质的使用，还能提高织物的抗起毛起球、抗菌和防静电性能，兼具柔软舒适与环保健康。为避免生产材料浪费，集团还专门设立了采购优化小组，精选优质的供应商和分销商，以保持原材料的可追溯性和废弃物最大化利用，通过严格的筛选审核检验标准，挑选行业内满足条件的面辅料供应商与加工商，并将所有供应商接入公司 SCM 供应链管理系统，从而实现了面辅料采购、成衣生产进度的可视化及成本透明化
13	荷兰	联合利华（Unilever）	2019 年 10 月 21 日，欧洲消费品巨头联合利华（Unilever）旗下美容品牌多芬（Dove）公布了新的减塑举措，以加速全球美容行业应对塑料垃圾问题的进程。多芬致力于实现每年减少使用超过 2 万吨原生塑料，节省下来的原生塑料可绕地球 2.7 圈。联合利华宣布了一项新计划，旨在加快落实对北美地区的可持续发展承诺，使塑料包装实现循环利用。联合利华承诺：到 2025 年，通过减少超过 10 万吨的塑料包装绝对使用量，并加速可再生塑料的使用，从而将新塑料的使用量减半；到 2025 年，旗下品牌的产品塑料包装设计均符合“三大环保标准”——可循环使用、可回收利用、可降解；到 2025 年，包装中使用 25% 的再生塑料
14	法国	珑骧（Long champ）	Longchamp 推出全新 Le Pliage® Green 系列，该系列延续了 Le Pliage 经典饺子包简约、耐用的设计风格，包身用料极少，仅包含一块矩形帆布、一个皮质翻盖、一个拉链和一个纽扣，并且在材质上首次创新使用了再生尼龙面料，体现了 Longchamp 贯彻环保、致力于推行环境保护计划、积极践行可持续发展的理念。Le Pliage® Green 系列的主体面料采用了聚酰胺帆布，这是一款由废弃的渔网、地毯、尼龙袜以及织物生产中产生的边角料，经过特殊工艺加工而成的环保面料，该面料通过了全球回收标准（GRS）认证。除包身外，Le Pliage® Green 系列包的内里有不含邻苯二甲酸的聚氯乙烯涂层，用于增强耐用性。肩带部分所使用的再生聚酯提取自塑料瓶，同样得到了 GRS 认证。拉链织带和镶嵌品牌赛马标志的丝带采用了类似的再生聚酯，再生纤维含量为 90%。Le Pliage Green 系列上标志性黄铜纽扣的再生金属含量达 30%。而皮革部分则是沿用了饺子包标志性的“俄罗斯皮革”，高达 90% 都产自皮革联合工作组（LWG）最高等级认证的皮革厂。Le Pliage® Green 系列整体碳排放量仅为一条牛仔裤的七分之一，不仅在用料上彰显了可持续性，在包装上也力求环保减排。Longchamp 除了在运输中使用具有再生纸标签的再生聚乙烯包装，在店铺使用的纸袋也是由通过森林管理委员会（FSC）认证的可完全回收纸制成

续表

序号	国家	企业	内容介绍
15	法国	雷诺集团	雷诺集团与法国纱线公司 Les Filatures du Parc 和全球领先汽车座椅供应商 Adient fabric 合作，为雷诺 Zoe 开发独特的内饰面料。这种专利纺织面料，完全由回收的安全带、纺织废料和塑料瓶制成。该面料可用于制造座套、仪表板罩、变速杆托架和门配件，满足舒适性、清洁性、抗紫外线性和耐用性的高要求。雷诺集团表示，通过创新的短循环制造工艺（short loop manufacturing），制造可回收粗梳纱，无须经过化学或热转化过程。较之前的标准工艺，可减少 60% 以上的碳足迹。雷诺 2022 年新上市的 Mé gane E-TECH Electric 采用回收设计，为无碳出行做好准备。该车辆内部，仪表板、中控台、头枕和地毯等许多部件均使用回收材料制成。每辆车有不少于 28 公斤的再生塑料，这有助于帮助雷诺实现减碳目标——到 2030 年，雷诺集团将在其车辆上使用 33% 的可回收材料
16	瑞士	巴利（Bally）	Bally 发起了一项名为“Peak Outlook”的生态可持续发展活动，旨在保护山地环境，该活动的第一步便是前往珠穆朗玛峰清理登山者留下的垃圾。Bally 还推出了一系列由人造面料制作而成的环保单品。Bally B-Echo 系列的多功能包袋和配饰均由环保材料制成，从再生皮革到再生 PET 网纱布，再到 100% 可再生尼龙，全部采用了有 GRS 认证的环保材料。不仅轻便防水，还兼具时髦与实用
17	芬兰	Pure Waste	芬兰的 Pure Waste 环保面料公司一直致力于用 100% 回收材料生产纺织品。这家公司从服装工厂流水线收集切割废料和纱线废料，按照质量和颜色对废料进行分类，加工过程中不再染色，废料的颜色决定成品的颜色。收集整理好的纺织废料，被机器重新变回纤维状态，再纺成纱线，制成面料，最后制作基本款服饰
18	丹麦	爱步（Ecco）	Ecco 推出了新型环保节水的鞣革技术 DriTan。据了解，Ecco 每年需要鞣制 125 万张牛皮，在使用 DriTan 技术后，每张牛皮平均可以节约 20L 水，全年节约 2500 万升水，能够满足约 9000 人全年的日常用水需求。Ecco 的鞋底也采用了环保可降解材料
19	西班牙	INDITEX 集团	INDITEX 集团宣布：2025 年之前，旗下所有品牌 100% 的产品将由可持续布料制成。目前 Join Life 系列采用的材料是 100% 可持续的，在品牌中占比为 20%。基于 2021 年对可持续发展所做出的承诺，INDITEX 集团设立开放式创新平台 Sustainability Innovation Hub，通过与初创企业、学术机构和技术中心等合作，推动并扩大新材料、新技术和新工艺的创新计划，并于近期推出 INFINITED FIBER 环保胶囊系列。2021 年 7 月，INDITEX 集团在可持续发展方面做出了郑重承诺：2022 年，INDITEX 集团直接运营的所需能源都将来自可再生能源，并将超过 50% 的服装打造为“Join life”环保系列；2023 年，在顾客层面消除所有一次性塑料，有效减少环境污染；到 2025 年，减少整个供应链 25% 的用水量；将净零排放目标提前 10 年，至 2040 年达成此目标

续表

序号	国家	企业	内容介绍
20	西班牙	Ecoalf	西班牙环保时尚品牌 Ecoalf 使用的材料均来自对废物的回收利用，由 Ecoalf 研发的 Sea Yarn 纤维的原材料回收自地中海海底的塑料瓶。截至目前，Ecoalf 已经回收利用了超过 2000 万个塑料瓶。2019 年秋季 Ecoalf 推出了首个专业瑜伽系列，材料为回收的 PET 塑料和尼龙。Ecoalf 与泰国的一家大型连锁咖啡厅建立了长期的合作关系，回收对方产生的咖啡渣，并将其重新回收改造成高性能的面料

表 2-3 美国、加拿大废旧纺织品综合利用企业发展现状及趋势

序号	国家	企业	内容介绍
1	美国	拉夫劳伦（Ralph Lauren）	拉夫劳伦（Ralph Lauren）推出了 100% 回收材料制成、100% 可回收的 Earth Polo 系列，每件 Polo 衫均采用约 12 只废弃塑料瓶制成，目前共有四种颜色——深蓝、淡蓝、绿色和白色，而这四种正是从太空俯瞰地球的颜色。拉夫劳伦宣布对可持续材料科技初创公司 Natural Fiber Welding, Inc. 进行少数股权投资。通过这项投资，拉夫劳伦希望扩大回收棉的使用范围，帮助公司在 2025 年前实现关键材料 100% 采用可回收材料，以及在 2025 年前实现零废料的目标。这一合作关系将使拉夫劳伦能够替代并减少对不可生物降解的合成材料的依赖，如聚酯和尼龙，同时扩大更可持续和升级循环材料的使用
2	美国	汤姆·福特（Tom Ford）	Tom Ford 推出 100% 再生海洋塑料制作的运动腕表 Tom Ford 002 Ocean Plastic Sport Watch。这款表采用了由回收海洋塑料制成的自动上链机芯，整只表的材料使用了大约 35 个回收塑料瓶，同时所有的产品包装均可回收。此外，生产手表的海洋塑料颗粒在运输过程中确保达成碳中和
3	美国	李维斯（Levi Strauss/Levi's）	Levi's 早在 2016 年便推出了 Levi's WaterLess 系列，耗水量减少了 28%。还将同色的 Nike 运动裤与 Levi's 回收再制的牛仔裤拼接，制作了特色裤款。Levi's 还推出了负责任产品胶囊系列，采用了新型“棉麻”牛仔布，该系列的单纤维（男式）短裤，由完全可回收的尼龙制成，可以回收再制成其他尼龙服装。2020 年，Levi's 宣布推出二手牛仔产品回收计划，并于伦敦开设全新概念店。通过这项回收计划，消费者可在参与计划的门店内将不想要的 Levi's 产品卖回给品牌，以换取价值 15~20 美元的礼品卡。无法转售的旧衣服可换取 5 美元，并交由服装回收公司 Re：newcell 合作回收。公司将对退回的牛仔产品进行专业分类和清洗，然后通过新的二手网站进行销售，价格从 30 美元至 300 美元不等

续表

序号	国家	企业	内容介绍
4	美国	匡威（Converse）	匡威推出了 Converse Renew 系列，其设计理念以 Chuck Taylor All Star 和 Chuck 70 为基础，通过利用回收 PET、循环再生织物以及再生仿棉帆布，让成吨的废品重获新生。Converse Renew Canvas 的面料 100% 由回收废旧塑料瓶中提取的再生聚酯纤维制作，它与传统的 Converse 帆布鞋触感和外观一致。Converse Renew Denim 以二手牛仔裤作为被“旧物改造”的材料，使用内部研发的循环再生方法，经过处理消毒，被制成 Chuck Taylor All Star 和 Chuck 70。第三大系列 Converse Renew Cotton 将多余的仿棉帆布制成含有 40% 再生棉和聚酯纤维的混合物，并将其纺成纱线，制成浅灰色鞋面后打造出全新款式
5	美国	途明（TUMI）	TUMI 多年来不断探索再生力量,从 2018 年推出环保系列至今，TUMI 回收塑料瓶将其制成再生 PET 材料，并通过耐久的环保材质与可简易替换的包袋配件，延长箱包生命周期，打造一个可持续的未来。TUMI 已回收 980531 个塑料瓶，并将其制成再生材料用于包袋的制作。TUMI 将废弃塑料瓶制成再生 PET 环保面料，用于制作衬里、拉链袋、织物带以及捆扎带。TUMI 已经在多个产品系列中采用了后工业再生尼龙作为生产原料，并且一直在努力推广再生材料的应用
6	美国	百事可乐、可口可乐、Keurig Dr Pepper	百事可乐、可口可乐和 Keurig Dr Pepper 承诺将共同推动一项可持续发展倡议。三家公司宣布了推出“回收每个瓶子”（Every Bottle Back）项目，该项目旨在改善美国的废塑料污染问题。三家公司将致力推动 PET 塑料瓶的回收再生。通过 Every Bottle Back 项目，每年将多收集 8000 万磅（相当于 3.6 万吨）的 PET 瓶，每年将有 3 亿磅（相当于 13.5 万吨）的再生 PET 瓶被回收，而不是流入水域或垃圾填埋场中。可口可乐欧洲合作伙伴和西欧可口可乐承诺，到 2025 年，每售出一个瓶子，就收集一个瓶子；确保其所有包装均为 100% 可回收利用；确保塑料瓶中至少有 50% 的再生塑料成分。百事可乐计划到 2025 年实现包装 100% 可回收再生、可堆肥及可生物降解。Keurig Dr Pepper 计划到 2025 年实现包装 100% 可回收再生或可堆肥，并在所有产品组合中使用含有 30% 消费后再生塑料成分的包装
7	美国	福特	福特重复使用了数百万个塑料瓶，应用于 EcoSport SUV 的地毯上，每个地毯使用约 470 个塑料瓶制成。福特正努力用回收塑料瓶来制造汽车零部件，以减少碳排放。预计平均每辆车使用 300 个回收塑料瓶，用于 SUV 的底盘装甲及制成福特 F 系列卡车的轮圈内衬。福特 Bronco Sport 车内的部分零件将采用海洋中的垃圾塑料回收制成。这些收集的海洋垃圾主要是太阳镜、沙滩鞋或者网球等，福特 Bronco Sport 所需要的线束材料主要是从收集到的渔网塑料制成的。这些回收而来的塑料强度和耐用性与尼龙材料相当，不仅可保证使用寿命，还能节省 10% 的材料使用，因此也将减少生产尼龙所需要的材料

续表

序号	国家	企业	内容介绍
8	美国	3M	3M推出了保暖材料新雪丽，早期主要应用在极地科考项目，随着技术不断革新，应用领域也不断拓展，可以用于婴幼童床套件、服装、鞋帽、床上用品等众多领域。现在，新雪丽材料从源头上实现了“可循环”：回收5个塑料瓶，就能够做成一件保暖衣，其中用到的都是再生材料，一方面确保性能，另一方面也契合中国市场越来越环保的趋势。据统计，2020年，3M新雪丽已回收利用近2000万个塑料瓶，预计到2030年底，将累计回收使用3亿个塑料瓶，可以绕地球1.6圈
9	美国	伊士曼（Eastman）	伊士曼的Naia™纱线采用安全的闭环工艺，由完全可追踪和可持续来源的木浆制成，工序中使用的溶剂被回收到系统中并循环使用。此外，Naia™具有低影响的优化制造工艺，树木原料和水资源使用量都处于低水平。Naia™固有的柔软性和光泽使其能够与其他环保纱线很好地融合，因此几乎可以成为任何面料或服装品牌可持续发展之旅的起点。伊士曼的碳再生技术可以将回收后的废弃地毯循环再生，转化为具有全新实用价值的新材料。伊士曼与废弃消费品回收企业Circular Polymers达成合作协议。根据该协议，伊士曼将获得稳定的原料供应，以充分发挥其碳再生技术的效能。此项创新的化学循环回收技术已在位于美国田纳西州的生产基地正式投入商业运营。Circular Polymers将回收来自家庭和企业的涤纶地毯（PET聚酯地毯），将它们运送至其位于加州的回收基地，运用特殊工艺有效分解出其中的PET纤维，再对这些纤维进行密化处理，使之能够经由铁路被运往田纳西州的伊士曼生产基地，经由化学循环回收，转化为通过认证的再生材料。这些原料将被用于生产伊士曼在售产品，并应用于纺织品、化妆品、个人护理品和光学等领域。伊士曼Naia™的最新产品Naia™ Renew提供长短两种纤维形态，起球更少，可以与莱赛尔、莫代尔、回收聚酯等其他环保材料良好结合。Naia™ Renew由60%可持续来源的木浆和40%难以回收的垃圾材料制成。这些材料都是从垃圾填埋场或焚化炉转化而来的。这个闭环的过程形成了低碳足迹，溶剂可以被安全地回收到系统中进行再利用

续表

序号	国家	企业	内容介绍
10	加拿大	加拿大鹅（Canada Goose）	2020 年 4 月 22 日，Canada Goose 发布了可持续发展战略，包括到 2025 年实现碳中和、使用可再生皮毛和减少使用一次性塑料等目标。2020 年 11 月，Canada Goose 宣布推出可持续发展平台 Humanature，并于 2021 年 1 月推出最具“可持续性”的派克大衣 Standard Expedition Parka，新系列由回收和未染色的织物制造，衬里和夹层采用 100% 负责任来源的羽绒和再生毛皮制作。与品牌传统的 Expedition Parka 相比，新系列减少了 30% 的碳排放。Canada Goose 还发布《2021 年环境、社会和公司治理报告》，推出由可持续羊毛和生物基纤维制成的全新羊毛抓绒系列。Canada Goose 已将其 20% 以上的材料转为采用首选纤维和材料（PFMs），并正按计划推进至 2025 年，90% 的材料采用 PFMs 的目标。PFMs 为传统材料的可持续替代品，如有机棉和可持续聚酯纤维等。Canada Goose 已有近 60% 的包装转为采用可持续的解决方案，原定 100% 的承诺目标已实现过半
11	加拿大	始祖鸟（ARC'TERYX）	ARC'TERYX 推出了回购和转售平台 Rock Solid Used Gear。消费者可以将不再使用的品牌户外装备送往 ARC'TERYX 的门店或通过网页上的预约功能进行回收。在收到装备后，ARC'TERYX 的团队会对商品的状态进行评估，从中选出商品标签完好，使用状态极佳或是只有轻微使用痕迹的商品进行清洗、修复，在 Rock Solid Used Gear 平台上以相对低廉的价格再次售卖。交易完成后，贡献二手商品的用户将会获得相当于商品正价 20% 的礼品卡作为支持品牌可持续发展战略的奖励。状态不够完美但是依旧可以使用的商品将会被捐赠给需要户外装备的相关组织。消费者也可以通过这一平台换取颜色与尺寸都更加适合自己的户外装备。ARC'TERYX 希望通过 Rock Solid Used Gear 平台延长商品的使用寿命，在消费者得到实惠的同时，减少品牌对环境的影响。2021 年，ARC'TERYX 推出 Rebird™ 计划，涵盖节约资源、回收利用、维修保养和尊重自然，使传统单向循环实现无限可能性，让用户引导始祖鸟朝着更循环的运营方式发展。Rebird 计划采用回收面料进行二次拼接制造，保证品质卓越、性能的同时，完成一系列独一无二的定制产品
12	加拿大	Loop Industries	Loop Industries 开发了针对 PET 的专利技术“零能量解聚技术”，将 PET 完全分解为单体：对苯二甲酸二甲酯（DMT）和单乙二醇（MEG），无须加热或加压，然后纯化单体，除去所有着色剂、添加剂和有机或无机杂质。最后，DMT 和 MEG 被重新聚合成 PET 塑料，符合 FDA 关于食品接触用途的要求。目前，可口可乐、百事可乐、达能、欧莱雅纷纷与 Loop Industries 签订供货协议

表 2-4　日本废旧纺织品综合利用企业发展现状及趋势

序号	企业	内容介绍
1	帝人集团	日本帝人集团作为以材料为主的制造业公司，为了实现循环型社会，一直在致力于 3R（Reduce、Reuse、Recycle）工作。帝人化学公司开发了重新利用聚酯纤维的方法，可将旧衣服的纤维再生，帝人化学公司从垃圾场回收大量旧衣服，制作成新衣服后销售。帝人将安装清洁设备和最新的造粒机械，以期在回收 PET 瓶之前先除去杂物。帝人聚酯有限公司将使用帝人专有质量控制技术，将塑料瓶转化为再生聚酯颗粒，其生产的原纱将用于帝人前沿的 Ecopet 再生长丝纱
2	东丽集团（Toray Industries, Inc.）	日本东丽集团开发了一款名为“&+”的新型商业化纤维，该纤维的成功研制将开创废旧 PET 塑料瓶生产商业化纤维领域的新天地。开发过程中，东丽研发了一系列创新技术，如可追溯技术，来生产这种高附加值、塑料瓶衍生白色纤维。主要应用在以前由于污染问题而严禁使用废塑料瓶衍生纤维的运动服、时装、工作服、家居服及消费品领域。东丽将开始大规模生产完全由植物原料制成的聚酯纤维材料，这项突破有望减少纺织行业对石油的依赖、减少碳排放。东丽的已有技术可以将甘蔗加工过程中剩下的糖蜜转化成乙二醇，其销售的一些纤维产品中已经在使用这种植物基的替代品。这种技术生产的聚酯 30% 的原料来自糖蜜，70% 来自石油。为了开发出 100% 完全基于植物原料的聚酯纤维材料，东丽和美国生物燃料初创公司 Virent 合作开发出一种新的纺织纤维。Virent 的技术能够将甘蔗和玉米中不能食用的部分加工成生物基的对苯二甲酸，取代剩余的 70% 的石油原料。完全基于植物的聚酯材料与传统聚酯纤维具有同样的耐用性和易加工性，且能显著减少温室气体排放，因为在产品生命周期结束时产生的二氧化碳会被（其原料所用的）植物生长过程中吸收的二氧化碳所抵消。Ecouse® 是东丽集团回收材料和产品的综合品牌，东丽正在努力加强和扩大在纤维、树脂和薄膜等方面的业务。在纺织品方面，东丽开发了纺织边角料制成的纱线、棉花、织物和纺织产品。东丽计划到 2030 财年，将环保材料供应量增加到 2013 财年的四倍
3	旭化成贸易（Asahi Kasei Advance）	日本纤维巨头旭化成旗下的旭化成贸易（Asahi Kasei Advance）宣布，成立可持续泳装品牌 Re：FIRESH，品牌名源自“Refresh”和“Fish”，所用的面料均为 100% 再生纤维。Re：FIRESH 最大的特点在于其面料，来自旭化成于 2019 年成立的环保纺织品品牌 ECOSENSOR™。ECOSENSOR™ 由聚酯纤维制品与 PET 瓶回收再利用制成，染色也在获得了环保和可持续发展认证的工厂完成

续表

序号	企业	内容介绍
4	YKK 株式会社	YKK 一直以来都致力于环境保护工作，公司秉承“善之巡环”（Cycle of Goodness）的经营理念。1994 年，YKK 首席执行官签订环境保护承诺书。1995 年，YKK 推出首款 NATULON® 系列拉链，该系列拉链的原材料是废弃的 PET 瓶以及聚酯残渣。在 20 多年的发展过程中，YKK 也研发出了许多独家的技术以及可持续发展产品。YKK 推出的 GreenRise™ 拉链使用植物基聚酯作为原材料的产品，成功使石油使用量减少了 30%。YKK 推出的有机棉拉链以及初代 NATULON® 拉链，每生产 1 万条拉链（每条 60cm 长）可回收约 3600 个塑料瓶（29g/ 瓶）。为提供解决海洋环境污染的方案，2020 年 1 月，日本 YKK 株式会社宣布推出新款 NATULON® Ocean Sourced™ 系列塑料拉链，该系列拉链的原材料主要来自斯里兰卡沿海 50km 内收集到的废弃塑料制品。到 2030 年，YKK 将发斯宁产品的纤维材料改为使用 100% 可持续原材料（可循环利用材料、天然材料等）的目标。其中，关于使用再生 PET 原料制作的回收再利用拉链 NATULON®，YKK 提出的 2024 年度目标是要推广至 50% 以上
5	伊藤忠商事株式会社（ITOCHU Corporation）	伊藤忠商事（ITOCHU Corporation）旗下纺织公司开发了莱赛尔（Lyocell）纤维品牌 KUURA。KUURA 是再生纤维素纤维的一种，兼具天然纤维与合成纤维的优势，以其为原料制成的面料手感滑润，透气性、悬垂性好。不同于传统生产方式，KUURA 莱赛尔纤维以海藻类生物制成的原浆为原料，采用 Metsa Fibre 开发的特殊溶剂，进一步降低了纤维生产对环境产生的负荷。伊藤忠商事（ITOCHU Corporation）、YKK 旗下意大利公司 YKK Italy S.p.A.，以及拥有专利 Econyl 再生尼龙纱线的意大利尼龙纱线生产商 Aquafil 达成协议，将共同开发用于再生拉链、再生纽扣等五金配件产品的再生尼龙。伊藤忠商事将致力于为 YKK 公司稳定地供应 Econyl 再生尼龙纱线，同时推广产品以及回收尼龙废料，以扩大尼龙回收业务。2021 年，伊藤忠商事与 Aquafil 达成合作，旨在共同推动尼龙回收再生业务的增长，扩大废弃尼龙回收及其成品的销售规模，以及进行新产品的研发。伊藤忠集团将进一步推进废弃尼龙在全世界的回收，以及用于时尚、地毯、汽车零部件、包材、渔业材料等用途的环保塑料的销售和开发

续表

序号	企业	内容介绍
6	三得利集团	三得利集团研制了由100%植物材料制成的PET瓶，该PET瓶使用了两种原料：70%对苯二甲酸（PTA）和30%单乙二醇（MEG）。该植物基瓶原型是三得利与美国可持续科技公司Anellotech进行了近十年的合作后研发出来的，结合了Anellotech的新技术、从木片中提取的植物对二甲苯（已转化为植物基PTA）和从糖蜜中提取的植物基MEG（三得利自2013年以来一直在日本的三得利Tennensui品牌中使用）生产的。PTA由非食品生物质生产，而MEG则来源于非食品级原料。三得利计划尽快将这种塑料瓶商业化，以实现其2030年的目标，即在全球范围不再使用由石油提取物制成的PET塑料瓶，实现100%回收，或者使用植物基PET瓶。从2021年1月起，三得利在英国和爱尔兰每年生产的所有500mL瓶子都将采用这种新设计。在接下来的18个月里，新PET瓶还将应用于三得利生产的另外两种饮料——Lucozade Sport和Lucozade Energy。据报道，这将每年节省1100t塑料。据估计，这种完全可回收的植物基瓶原型与油提取物制成的PET塑料瓶相比，碳排放“显著降低”，帮助三得利在2050年实现整个价值链的净零排放
7	亚瑟士（Asics）	2019年，Asics与1：Collect慈善机构合作，开展欧洲的运动服装回收和再利用计划。该计划将在欧洲、中东和非洲地区的八场马拉松比赛中实现Asics产品的回收和再利用。2020年，Asics将环保理念注入产品设计与制造当中。据了解，东京奥运会、残奥会日本代表团的服装材质源于2019年实施的“Asics Reborn Wear Project”（亚瑟士再生服装项目），该计划面向全体日本民众回收二手运动装，由此制成可循环的再生聚酯面料用于生产国家队战袍。在Asics多款跑鞋中采用的Flytefoam Lyte轻量中底，是由包括甘蔗渣、废弃木材在内的可持续环保材料再加工而成。此外，在该品牌服装生产中广泛采用的无水印染（Solution Dye）工艺则可以大量节约水资源并减少排放。2022年，Asics推出GEL-LYTE Ⅲ CM 1.95运动鞋，其整个产品生命周期内的碳排放量仅为1.95kg，成为Asics迄今为止有数据记录的二氧化碳排放量最低的鞋款，并致力于创造行业节能减碳新标杆。GEL-LYTE Ⅲ CM 1.95运动鞋的主要鞋面材料和内里网眼使用了可回收且纺前染色的聚酯纤维材料，将助力Asics实现在2030年完全从再生资源中获得聚酯纤维材料的目标
8	鬼塚虎（Onitsuka Tiger）	Onitsuka Tiger以“Acitve（积极）”“Colorful（多彩）”“Effortless（轻松）”作为设计理念，采用环保、可持续性高级面料，推出全新日本制造的胶囊系列。全新系列采用天丝莫代尔纤维（Tencel Modal Series）与天丝莱赛尔纤维（Tencel Lyocells Series）两种不同面料。纤维的原材料原浆取材于经FSC认证和PEFC认证的环保纤维，在溶剂中溶解生成。使用过的溶剂可借助Lenzing AG独有的循环系统，进行回收和再利用

第三章 废旧纺织品综合利用情况

我国废旧纺织品以再利用和再生利用为主。旧服装经过回收分拣后，可以再次穿着的部分将消毒后成为二手服装，出口到非洲、中东等欠发达国家，或者在试点城市再流通交易，废旧纺织品再利用是附加值最高的利用方式之一。废纺织品中的涤纶下脚料，国内主要采用液相增黏的物理化学法生产再生涤纶短纤维，流程短，成本较低，通过差别化可以获得较高附加值的再生涤纶。旧纺织品再生利用仍然以物理开松为主，开松后再生纤维主要用于生产再生非织造布、絮毡、纱等产品，除毛类废旧纺织品外，开松后的再生产品附加价值不高；化学法主要用于纯涤纶类旧纺织品，再生产品附加价值高，但是再生利用成本也较高。国内废旧纤维素纤维循环利用技术尚处于研究开发阶段，目前工业化生产的企业主要利用进口再生浆粕和原生浆粕混合生产再生纤维素纤维，进口再生浆粕由纯棉类废旧纺织品、棉短绒制成。混纺类废旧纺织品的成分分离技术尚处于研究开发阶段，目前工业化大规模应用技术还不成熟。

一、废旧纺织品主要品种综合利用情况

（一）涤纶类废旧纺织品的产生及利用情况

据测算，2017—2021 年，我国涤纶类废旧纺织品产生量从 1205 万吨增加到 1280 万吨，整体呈现递增趋势（图 3-1）。

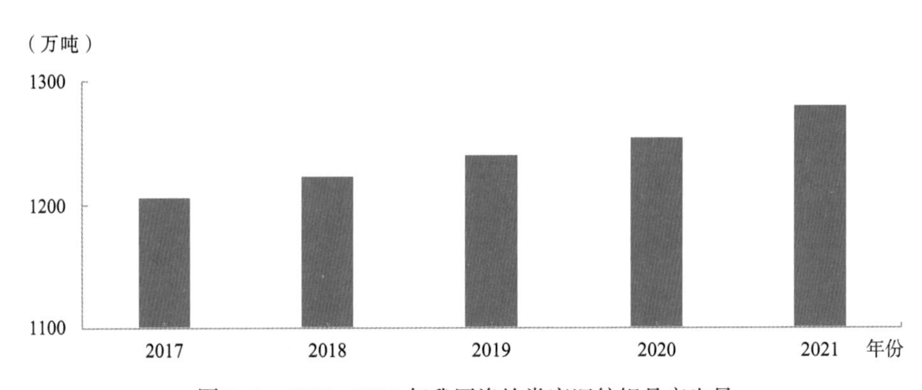

图 3-1　2017—2021 年我国涤纶类废旧纺织品产生量

据测算，2017—2021 年，我国涤纶类废旧纺织品利用量从 211 万吨增加到 266 万吨，整体呈现递增趋势（图 3-2）。

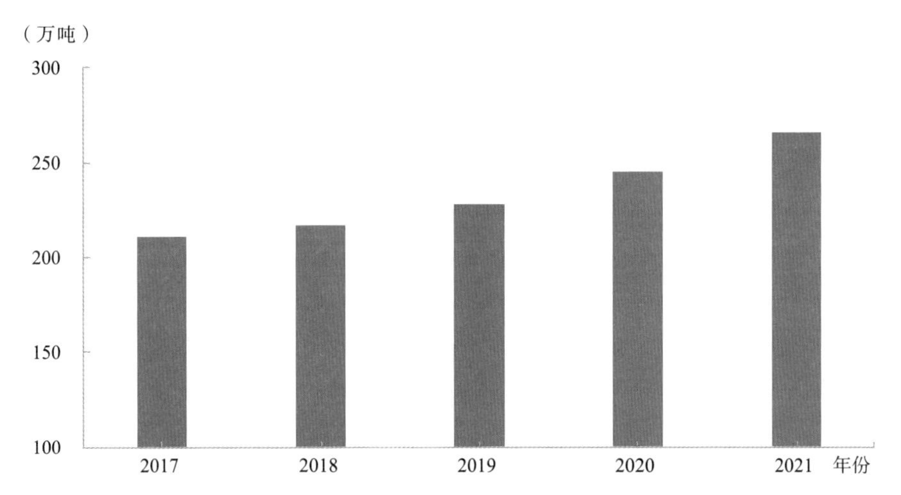

图 3-2　2017—2021 年我国涤纶类废旧纺织品利用量

（二）棉类废旧纺织品的产生及利用情况

据测算，2017—2021 年，我国棉类废旧纺织品产生量从 283 万吨增加到 301 万吨，整体呈现递增趋势（图 3-3）。

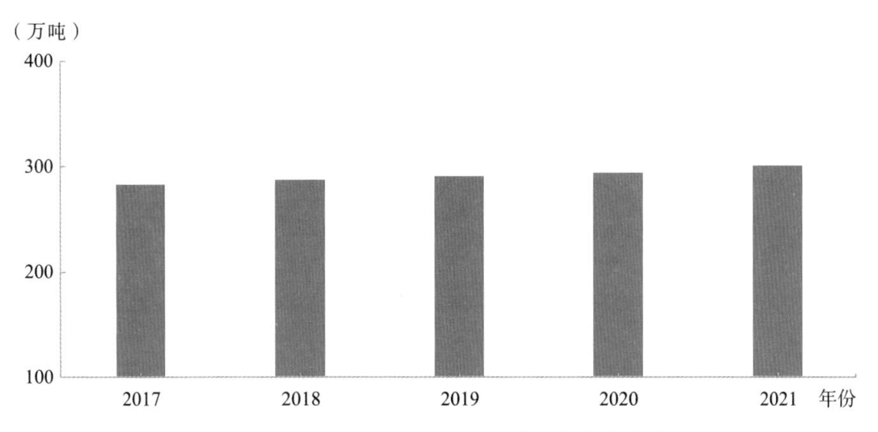

图 3-3　2017—2021 年我国棉类废旧纺织品产生量

据测算，2017—2021 年，我国棉类废旧纺织品利用量从 50 万吨增加到 62 万吨，整体呈现递增趋势（图 3-4）。

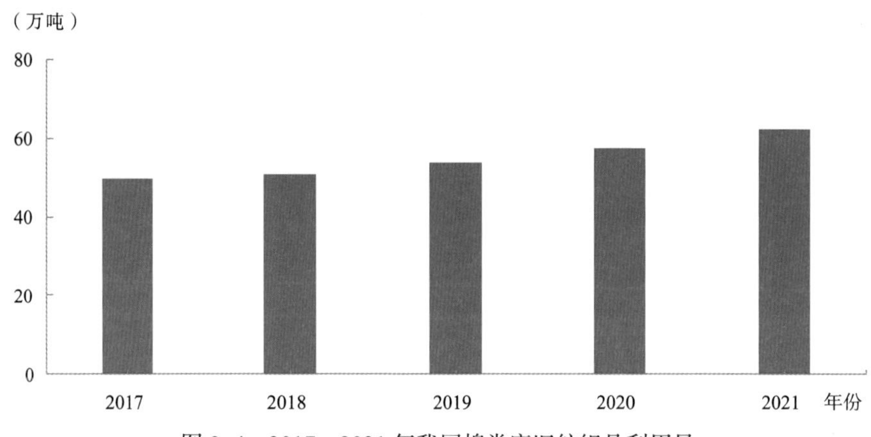

图 3-4　2017—2021 年我国棉类废旧纺织品利用量

（三）毛类废旧纺织品的产生及利用情况

据测算，2017—2021 年，我国毛类废旧纺织品产生量从 7.40 万吨增加到 7.86 万吨，整体呈现递增趋势（图 3-5）。

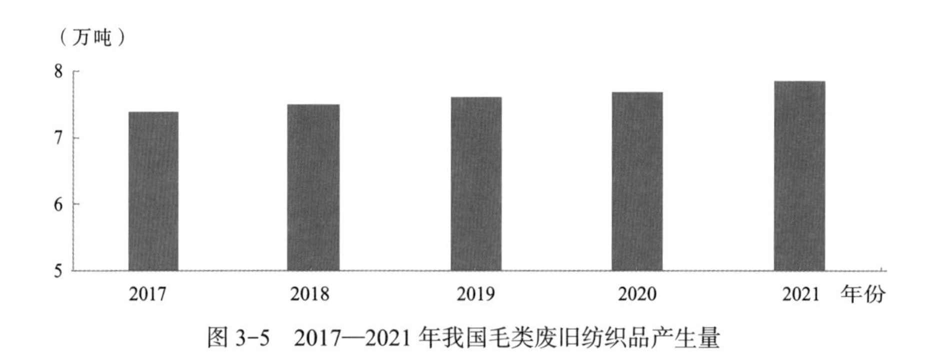

图 3-5　2017—2021 年我国毛类废旧纺织品产生量

据测算，2017—2021 年，我国毛类废旧纺织品利用量从 1.30 万吨增加到 1.63 万吨，整体呈现递增趋势（图 3-6）。

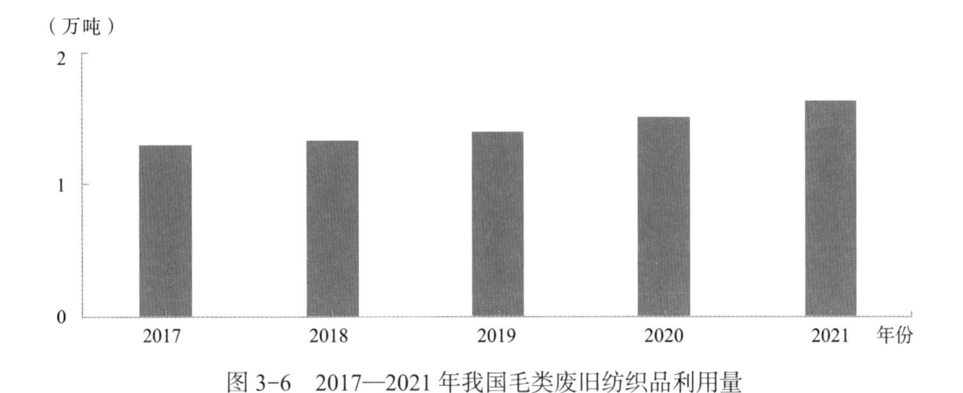

图 3-6　2017—2021 年我国毛类废旧纺织品利用量

二、废旧纺织品综合利用技术路线图

（一）废旧纺织品综合利用总体技术路线图

根据加工过程不同，废旧纺织品综合利用技术主要分为二手服装、物理法、化学法三种（图 3-7）。

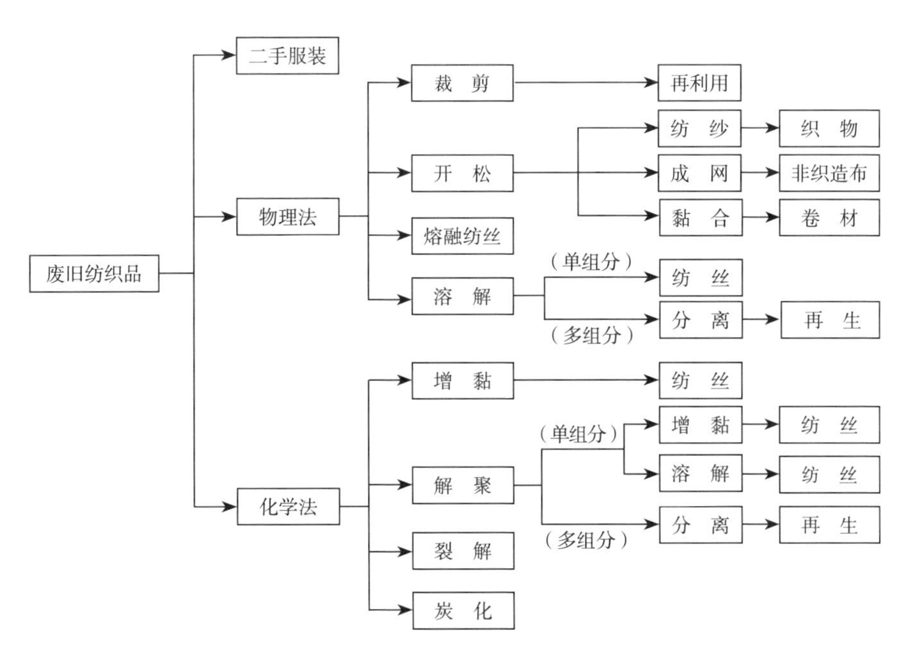

图 3-7　废旧纺织品综合利用总体技术路线图

1. **二手服装**

二手服装是指消费后废旧纺织品中可用于再次穿着的服装。回收企业根据废旧纺织品的成色、款式、成分等特性，分拣出可再次穿着的服装，经过清洗、消毒等工序后出口或者捐赠到非洲、灾区、山区等地方。二手服装流程短、能耗低，是最为节能环保的再利用方式之一。

2. **物理法**

物理法是在不改变废旧纺织品中材料主体化学结构的条件下，通过裁剪、开松、黏合、熔融 / 溶解纺丝等物理加工方法将废旧纺织品制成再生产品的过程。其中，物理开松法是指通过去扣、破碎、开松的步骤将废旧纺织品重新加工成散纤维，再经过纺纱或者成网工序制成再生纱、絮毡等再生产品的方法。由于开松法通用性高，设备成本相对较低，而且纺织品中复合组分的产品居多，是目前我国废旧纺织品再利用的主要方法。

3. **化学法**

化学法是指通过直接增黏、解聚—增黏、降解—溶解、裂解或者炭化等化学反应将废旧纺织品制成再生制品的方法。该方法设备要求、设备成本比物理法高，但是产品附加值相对较高。目前市场上的化学法主要是针对纺织材料中用量较大的涤纶，利用专用设备对废旧聚酯直接增黏，或者醇解剂和聚酯发生解聚反应生成小分子后重新聚合，实现涤纶的再生利用。

（二）涤纶类废旧纺织品回收利用技术路线图

涤纶类废旧纺织品回收利用技术路线图如图 3-8 所示。

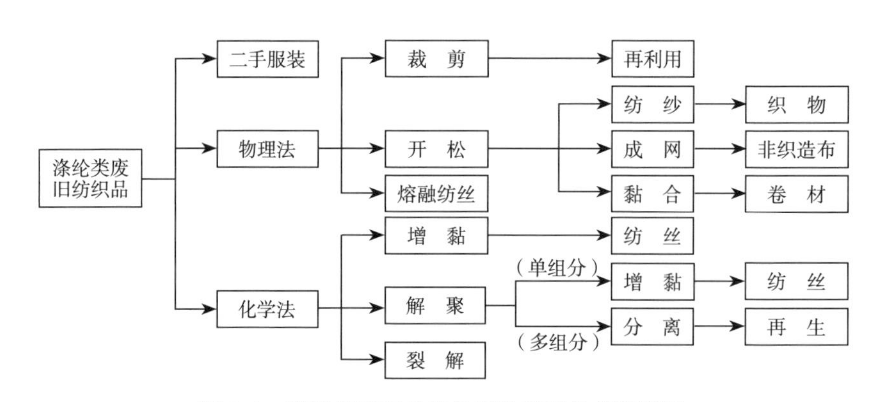

图 3-8 涤纶类废旧纺织品回收利用技术路线图

按照涤纶含量，涤纶类废旧纺织品可以分为纯涤纶、高涤纶（≥50%）和低涤纶（≤50%）三种。

对于消费前纯涤纶废旧纺织品，由于杂质少、成分明确、上游供应稳定，其利用技术主要有以下三种：

①通过直接熔融纺丝或者增黏后熔融纺丝，生产再生涤纶短纤维。

②利用醇解剂将涤纶解聚后，通过过滤、提纯、再聚合等工序制成再生聚酯切片，经纺丝后得到再生涤纶长丝或者短纤维。

③在高温、高压条件下进行裂解反应生产小分子，进一步经过提纯、合成反应后制成有机化合物制品。对于消费后废旧纯涤纶纺织品，由于杂质含量高、成分不易明确、供应量相对较少，一般采用开松法。

对于高涤纶废旧纺织品，可以通过醇解分离、水解分离等方法将涤纶提取出来，经过系列反应后做成再生聚酯，但上述分离方法还在研发阶段，市场上常见的仍然是采用开松、裁剪做成再生纱、絮毡、墩布、擦机布等制品。

对于低涤纶废旧纺织品，一般需要根据其他组分含量及化学结构选择最佳利用方法。

（三）棉类废旧纺织品回收利用技术路线图

棉类废旧纺织品回收利用技术路线图如图 3-9 所示。

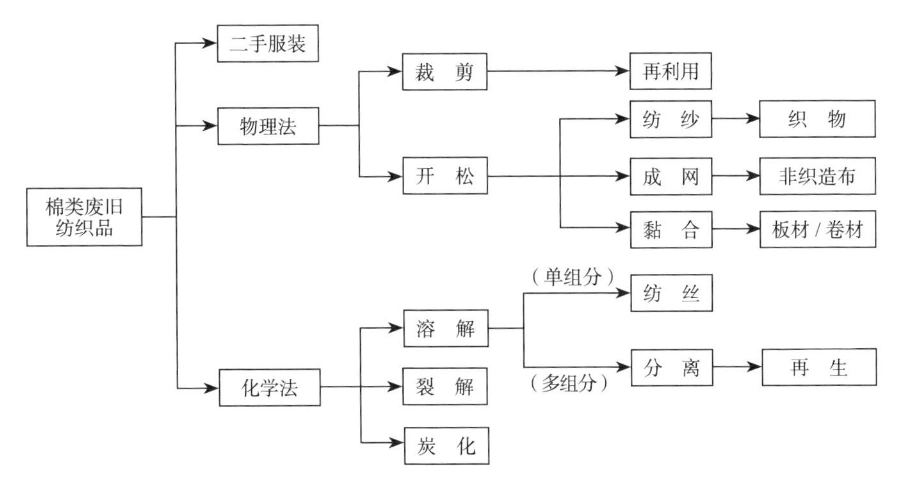

图 3-9 棉类废旧纺织品回收利用技术路线图

按照棉含量，棉类废旧纺织品可以分为纯棉、高棉（≥50%）和低棉（≤50%）三种。

对于纯棉废旧纺织品，目前主要通过开松法回收利用，其次是裁剪后做成墩布、擦机布等制品。此外，还有企业报道采用降解—溶解法将棉做成纺丝液后通过溶液纺丝生产黏胶纤维、天丝等再生纤维素纤维，但是由于技术难度大，目前产量较少。

对于高棉废旧纺织品，目前主要通过开松法回收利用，其次是裁剪后做成墩布、擦机布等制品。

对于低棉废旧纺织品，一般需要根据其他组分含量及化学结构选择最佳利用方法。

（四）毛类废旧纺织品回收利用技术路线图

毛类废旧纺织品回收利用技术路线图如图 3-10 所示。

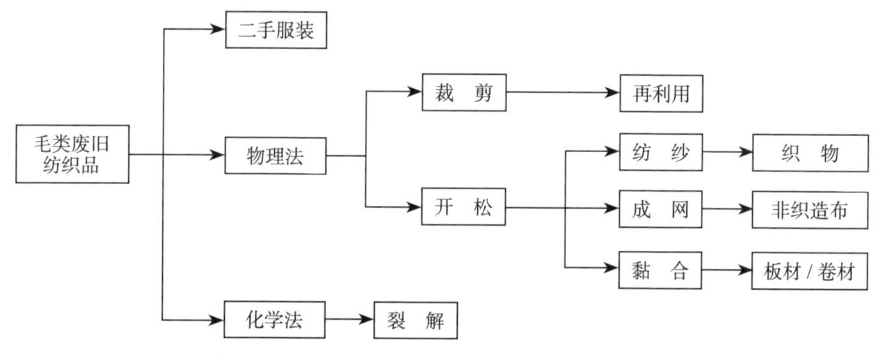

图 3-10　毛类废旧纺织品回收利用技术路线图

按照毛含量，毛类废旧纺织品可以分为纯毛（≥95%）、高毛（50%～95%）和低毛（≤50%）三种。对于纯毛废旧纺织品，目前主要通过开松法回收利用。对于高毛废旧纺织品，目前主要通过开松法回收利用，其次是裁剪后做成墩布、擦机布等制品。对于低毛废旧纺织品，一般需要根据其他组分含量及化学结构选择最佳利用方法。

三、废旧纺织品回收利用重点技术及重点装备进展

（一）回收技术及装备

1. 线下智能回收箱

通过大数据、物联网、人工智能等技术，推出带反馈功能的智能回收箱。用户通过智能回收小程序扫码或在回收机上输入手机号开箱，投入旧衣物后，可以将环保金返还到用户手机上。当回收机接近满箱时，系统就会自动下发通知给中端的清运团队，完成清运工作。

支付宝推出带 AI 估重系统的智能回收箱，用户投入旧衣物、扫描二维码后，回收箱自动估重，给出旧衣物的质量以及减碳量，返回蚂蚁森林能量、家居好礼和环保证书。

2. 线上智能回收

通过开发手机 APP、网页，或者联合支付宝、微信、京东等平台推出公众号、小程序、H5，推出线上预约、免费上门回收服务，方便用户居家操作，避免回收箱清运不及时、货物积压等问题。部分线上智能回收平台还具有兑换商城、环保公益宣传等功能，提高了用户回收积极性。

（二）分拣技术及装备

分拣是指按照废旧纺织品的成分、颜色、成色、款式等特性，集中对废旧纺织品进行专业分选的过程。

废旧纺织品的特性决定了其最佳再利用方法的选择和再利用附加值的高低，因此，对废旧纺织品进行高效、准确的分拣是实现废旧纺织品高附加值利用的前提。

废旧纺织品分拣的核心在于鉴别，根据鉴别方式不同，主要分为人工分拣和机械分拣两种分拣方式。

1. 人工鉴别分拣

该方式通过人工鉴别、智能系统录入废旧纺织品特性后，由专门的传输设备将废旧纺织品从分拣工位输送到对应收集口完成分拣。例如，比利

时 Eurofrip 公司的人工语音分拣系统（图 3-11），分拣员在固定工位上对废旧纺织品款式、成色等进行人工鉴别后，通过麦克风录入信息，智能人声辨识录入系统识别后，发出指令将给传送带，将识别后的废旧纺织品输送至对应的收集箱来完成整个分拣流程。该系统每天能够处理 45t 废旧纺织品。

图 3-11　Eurofrip 的人工语音分拣系统

2. 机械鉴别分拣

该方式通过人工智能系统鉴别废旧纺织品特性，然后由传输设备将识别后的废旧纺织品输送到对应收集口完成分拣。目前近红外光谱技术（NIR）、成像技术已经实行工业化，具有高效、快速、无损的优点，而且可以实现在线成分定性与定量、颜色分析。

例如，比利时 Valvan Baling Systems 公司的 Fibersort 自动分拣系统，利用 NIR 技术对废旧纺织品的成分进行自动化鉴别，然后通过输送带、吹气系统将鉴别后的废旧纺织品送入指定收集框内。目前，Fibersort 系统可以分拣出羊毛、棉、聚酯、黏胶纤维、腈纶和尼龙等 6 种主成分的纺织品。Valvan 在新一代分拣系统中加入颜色鉴别系统，通过红—绿—蓝（RGB）相机 RGB 信号、比对数据库，鉴别出废旧纺织品的颜色信息，然后通过输送系统送入指定收集框内。目前，颜色分拣可以实现单色与花色分类，并且和成分鉴别系统同时安装在一套 Fibersort 系统（图 3-12）中，同时实现成分、颜色的鉴别分拣，处理能力可达 850kg/h。

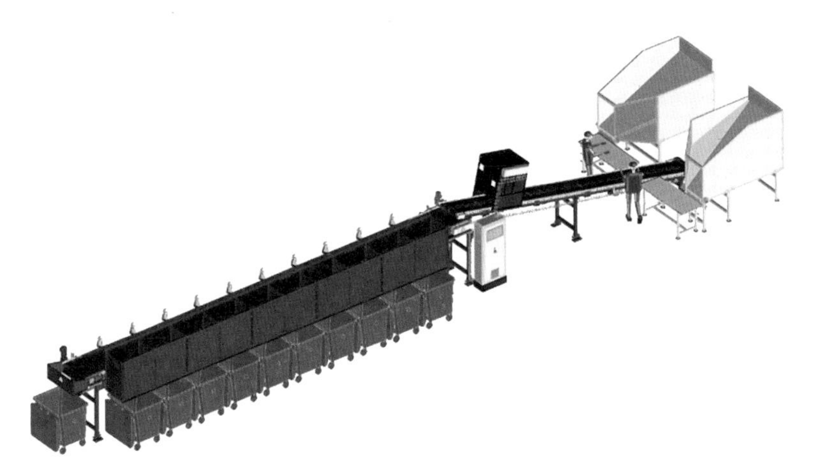

图 3-12 Fibersort 自动分拣系统

陶朗集团研发了集成近红外（near infrared，NIR）扫描分选的多项技术，应用于硬质塑料、薄膜和纺织品，均能够实现高精度识别，专利 FLYING BEAM® 飞光扫描技术，对于投入系统的未分类物料，高效识别材料、形状、尺寸、颜色、缺陷、破损以及所在位置，利用压缩空气喷射，实现精确分选，形成不同材质出料，包括棉、涤纶、尼龙、毛、腈纶等，确保在多样化应用中实现最优分选效果，织物材质分选的准确度可以从 50% 提升到接近 90%，针对单一材质、简单双材质或是混纺进行精准识别，方便下游的物理或化学再生利用，打通废纺循环再生利用的链条。现有应用项目地点在瑞典，年处理量在 25000t 以上，通过批次进料分选，形成 16 种不同材质出料用于机械回收或化学回收，根据市场需求和具体客户要求可以调整分选的具体材质和颜色。陶朗 FLYING BEAM 分拣系统如图 3-13 所示。

在国内，季采环保科技（上海）有限公司依托北京服装学院废旧纺织品高值化综合利用课题组的分拣技术，利用 NIR 技术，开发出了废旧纺织品分拣系统（图 3-14）。该系统同时具有称重和成分的定性、定量鉴别

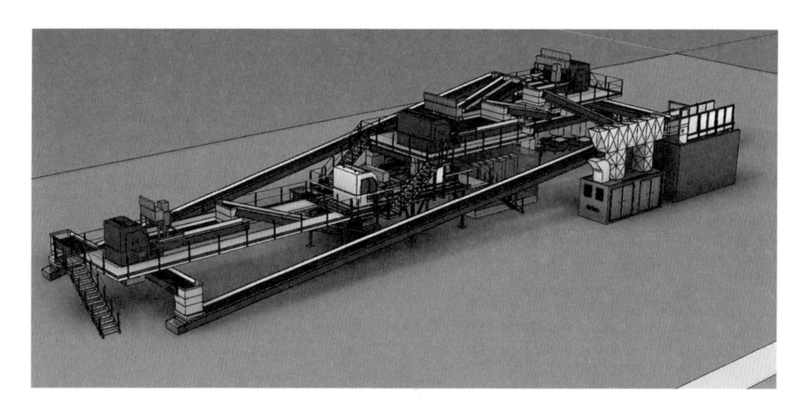

图 3-13　陶朗 FLYING BEAM 分拣系统

图 3-14　季采开发的废旧纺织品自动分拣系统

功能，在获取单件衣服重量和统计信息的同时，能够鉴别羊毛、涤纶、棉、腈纶等纯品或者以其为主要成分的含量范围和统计信息，并且能够根据客户需求定制鉴别分拣模型。

（三）消毒技术及装备

消费后废旧纺织品的再利用，一般需要先对其进行消毒处理，避免发生使用者间的疾病传染。目前废旧纺织品的消毒主要采用臭氧、紫外线手段。

例如，西苏格兰大学（UWS）和 Advanced Clothing Solutions（ACS）

公司联合开发出用于旧衣服消毒的臭氧消毒柜（图 3-15），可以有效杀死大肠杆菌、金黄色葡萄球菌和冠状病毒等多种细菌和病毒，每周可处理大约 45000 件。该臭氧消毒柜由外部操作系统、柜体、臭氧发生器、风机、电源、催化剂床、臭氧传感器、机柜架、挂轨组成。旧衣服挂在吊轨上，关闭柜门后，通过操作系统运行消毒程序，并且通过风机加强臭氧在旧衣服中的渗透能力，消毒完成后，通过催化剂床可以加速臭氧分解，保护操作人员人身安全。

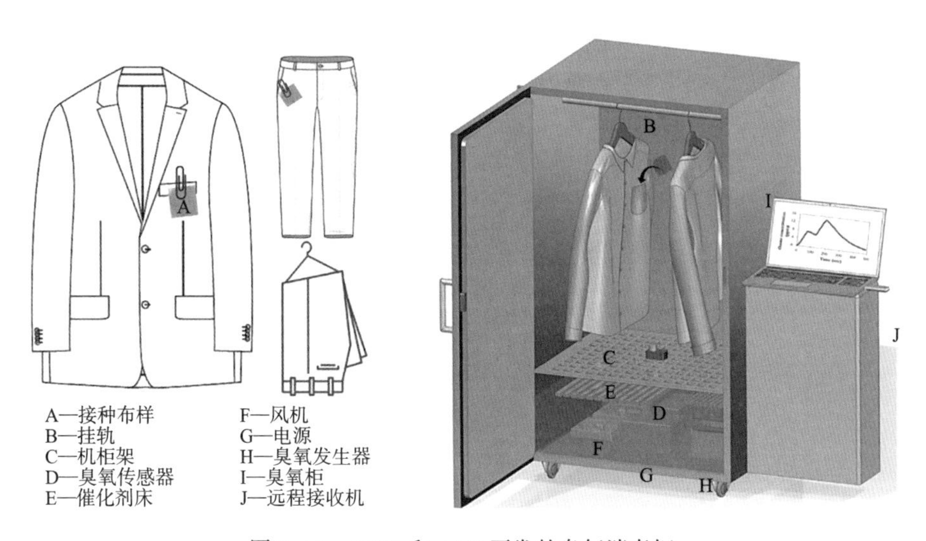

图 3-15　UWS 和 ACS 开发的臭氧消毒柜

中民社会捐助发展中心开发出具有自主知识产权的废旧纺织品臭氧负压消毒机（图 3-16），处理量为 1000kg/h。该消毒机主要由消毒仓、高压雾化加湿装置、混合器、臭氧发生装置、制氧装置、负压装置、气水分离器、尾气分解器组成，可以将袋装的废旧衣物在不拆包情况下进行消毒。袋装旧衣物放入消毒机、关闭仓门后，混合器将高压雾化加湿器产生的高压水雾和臭氧发生器发生的臭氧气体混合在一个容器里，由它产生的一种水雾式的高压臭氧气体进入消毒仓，在负压的作用下，该气体可均匀地穿透袋中废旧衣物，从而达到消毒的目的。

紫外线消毒主要是利用紫外线破坏细菌、病毒的 DNA，起到消毒作

图 3-16　臭氧负压消毒机

用的。紫外线消毒的作用时间短，几秒就可以完成，成本相对较低，但是灯管照射强度会逐渐衰减，需要对照射强度定期监测，灯管到寿命后需要更换，并且只对照射面起作用，需要人工将旧衣服翻面，不适用于多层、较厚的旧衣物。

（四）物理法再生利用技术及装备

1. 物理开松法

物理开松法适用性强，根据应用途径，主要有再纺纱、成网、纤塑复合等三种。

（1）再纺纱

工艺流程为：

除硬物（纽扣、拉链等）→切割→开松→长短纤维分离→梳理→纺纱

一般要求开松后纤维不低于 18mm，其主要影响因素有废旧纺织品切割尺寸、织造结构、开松锡林间距、针的大小及密度、助剂等。例如，对于废旧涤纶军装常服，切割尺寸为 10cm × 10m 时，得到的纤维长度最长，并且在开松前采用有机硅油助剂进行预处理后，能够有效降低纤维间的摩擦力，提高所得纤维长度；对于废旧毛纺织品，可以利用毛纺织品的干热收缩和湿膨胀等性能，通过调节温湿度、使用开松助剂等手段降低毛纤维间的摩擦力，提高所得纤维长度。此外，在破碎前通过对废旧纺织品进行

颜色预分拣，在纺纱时采用配色手段，可以获得特定颜色的纱线，从而降低脱色和染色带来的消耗和污染；在生产过程中引入粉尘回收处理设备，可以改善作业环境、保护员工健康。

（2）成网

工艺流程为：

除硬物（纽扣、拉链等）→切割→开松→铺网→定型

成网技术目前主要有两种：一是水平气流成网技术，即纤维平行于非织造布平面排列，是目前主流的成网技术，获得的材料拉伸强度高，产品克重可低至 100g/m^2，适用于利用废弃服装生产床垫、汽车隔音材料。二是垂直气流成网技术，即纤维垂直于非织造布平面排列，适用于加工来自纺织、床垫、PU 泡沫等领域的纤维或非纤维边角料，获得的材料极富弹性和蓬松感，可应用于床垫、汽车座椅以及需要隔热、隔音的场合。

（3）纤塑复合

工艺流程为：

除硬物（纽扣、拉链等）→粉碎→加入塑料粒子共混→挤出→成型

粉碎尺寸一般要求在 50mm 以下，塑料品种为热塑性塑料。据报道，目前还开发出低温强制挤出的新技术，即在低于纤维熔点温度下，利用锥形双螺杆强制喂料、单螺杆预分散、异向平行双螺杆挤出分散的工艺路线，制备多种形状的纤维增强塑料制品。

2. 熔融纺丝法

该方法主要适用于采用熔融加工成型的化学纤维品种，是通过在消费前废旧纺织品中加入部分新料或者品质高的回收料，混合后重新熔融纺丝，生产再生纤维。目前市场上常见的是在纯涤纶废丝、废块、布边角料等废料中，加入一定量的原生聚酯切片或者回收聚酯瓶片，混合后直接纺丝，生产再生涤纶短纤维。

（五）化学法再生利用技术及装备

化学法是指利用化学反应来改变废旧纺织品大分子结构，以提高其可再加工性能和产品性能，或者降解为小分子化工原料的方法。化学法专用

性强，受原材料和市场驱动，目前主要集中在用量较大的涤纶和棉上。

1. 涤纶类废旧纺织品化学法再生利用技术

涤纶类废旧纺织品化学法再生利用技术主要有：直接增黏、扩链剂增黏、乙二醇全醇解、乙二醇醇解—甲醇酯交换脱色、乙二醇部分醇解—增黏，仿生物酶靶向催化解聚等。

（1）直接增黏法（图 3-17）

该技术是指在一定条件下，通过聚合物分子的活性端基间的化学反应，脱除小分子产物，提高聚合物相对分子质量以满足纺丝性能要求的方法。目前市场上主流路线是将废旧聚酯熔融后送入卧式圆盘反应器中，在高温、高真空（绝对压力<150Pa）条件下进行增黏，达到指标后制成再生聚酯切片或直接纺丝生产再生涤纶短纤维。该技术流程短、设备成本低，主要适用于消费前废旧纯涤纶纺织品，但是再生聚酯品质不高，只能用于纺制短纤维。

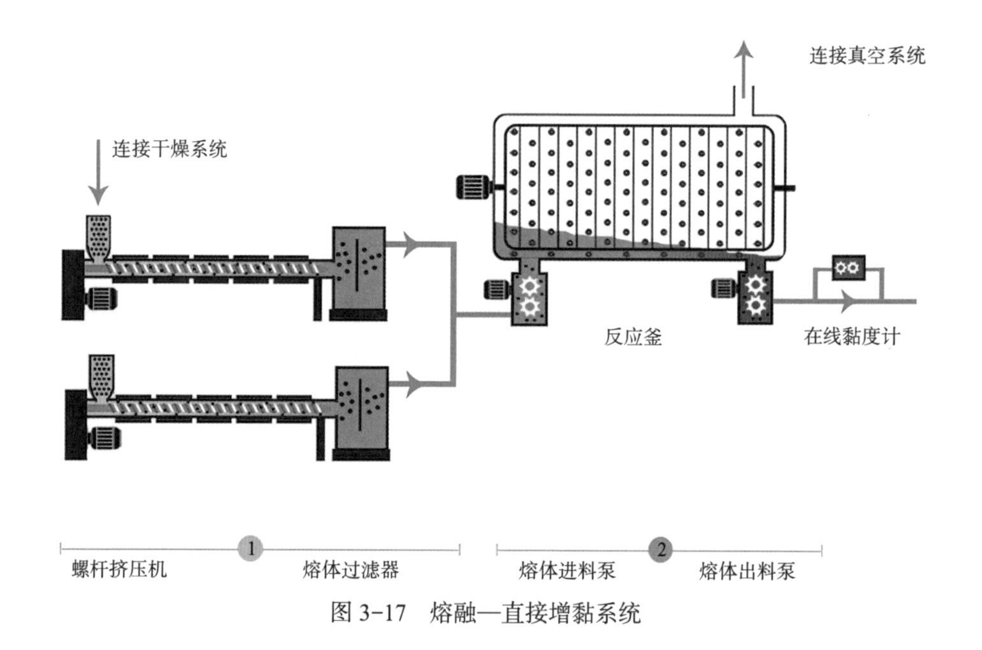

图 3-17　熔融—直接增黏系统

（2）扩链剂增黏法

该技术是将废旧聚酯干燥后与扩链剂一并送入具有排气功能的反应型

螺杆挤出机中熔融、混炼、反应，然后直接纺制再生涤纶短纤维。该技术流程短，但是扩链反应受双螺杆结构、扩链剂添加部位等因素影响，不易控制，而且双螺杆挤出机的强剪切作用会使聚酯发生较大降解，目前尚处于实验室研发阶段。

（3）乙二醇全醇解法

该技术以乙二醇为醇解剂，通过醇解反应将废旧涤纶完全醇解为对苯二甲酸双羟乙酯（BHET）单聚体，经过过滤除杂质、蒸馏除去多余乙二醇后得到的 BHET，再经过常规聚酯缩聚工艺获得再生聚酯。该技术由于使用过量乙二醇，因此蒸馏、缩聚过程慢，能耗较高，过程中乙二醇容易发生副反应，生成二甘醇、三甘醇、乙醛，因此降低了再生聚酯品质。

（4）乙二醇醇解—甲醇酯交换脱色法

该技术具体工艺流程为：

①利用过量乙二醇将废旧聚酯纺织品完全醇解为 BHET 单聚体。

② BHET 与过量甲醇发生酯交换生成对苯二甲酸二甲酯（DMT），通过多次分离、洗涤、减压蒸馏后获得精制的无色 DMT，实现除杂质、脱色。

③精制的 DMT 与乙二醇发生酯交换反应重新得到 BHET。

④ BHET 在常规聚酯缩聚工艺下制得品质可与原生聚酯相媲美的再生聚酯。

该技术适用于消费前和消费后废旧涤纶纺织品或者废旧高涤纶纺织品，产品品质高，可用于生产涤纶长丝，但是流程长，物耗、能耗高，设备成本和运行成本较高。

（5）乙二醇部分醇解—增黏法

该技术首先将废旧纯涤纶纺织品进行颜色分拣，然后加入一定量的乙二醇，在一定条件下进行醇解反应，生成 BHET 的多聚体，过滤后的 BHET 多聚体熔体经过常规聚酯缩聚工艺获得再生聚酯。该技术适用于废旧纯涤纶纺织品，工艺流程比较短，物耗、能耗相对较低，可用于生产涤纶长丝，产品自带颜色，可以免除后续染色工序或大幅降低染料、水的用量。

（6）催化解聚法

该技术是利用仿生物酶靶向的催化工艺，在温和条件下把废旧涤纶解聚成单体，经过提纯、再聚合后制成再生聚酯。该技术由于反应条件温和，适用于废旧纯涤纶纺织品和废旧高涤纶纺织品，可以实现涤纶和其他组分（如氨纶）的完整分离与循环回收再利用。

2. 棉类废旧纺织品化学法再生利用技术

棉类废旧纺织品化学法再生利用技术主要有水热处理法和溶解法。

（1）水热处理法

该方法是在亚临界水、有机酸催化条件下把棉分解为纤维素粉末，在不同的反应条件下可以制备出不同结构的粉末，分别做成炭微球或者纸张用原料。该技术适用于废旧纯棉或者高棉纺织品，尤其是棉涤混纺织物，可以实现棉涤组分分离，分离得到的涤纶性能基本保持不变，可以再次纺纱。

（2）溶解法

该方法是以废旧纯棉纺织品，尤其是消费前纯棉废料为原料，进行去纽扣、去拉链、破碎得到碎布片，再经过碱/氧降解、碱液溶解、过滤后去除不溶物后，向滤液中加入酸和醇等沉淀剂使纤维素沉淀，再通过过滤、干燥、切割获得溶解浆，与部分原生木浆混合后生产再生纤维素纤维。

3. 裂解气化法

该方法适用于一般废旧纺织品，是将废旧纺织品送入气化炉中，在1000℃、2.7MPa 以上和氧气发生气化反应，生成一氧化碳（CO）和氢气（H_2），提纯后的 CO 和 H_2 通过系列反应生成醋酸。

四、重点企业情况

（一）温州天成纺织有限公司

温州天成纺织有限公司（以下简称天成）始建于 1995 年，是拥有废旧纺织品收集，分拣、开松、纺纱全产业链的专业再生纤维纺纱工厂。公司拥有自主研发的废旧纺织品开松生产线 12 条，日处理废旧纺织品 120 吨，年产再生纤维 4 万吨。具有国际先进水平的再生纺纱设备，环锭纺 7 万锭，气流纺近 1 万头，年产各类再生纱线 6 万吨。

目前天成生产线以全棉类为主，棉涤混纺类为辅。回收的旧衣服、纺纱回丝、浆纱回丝、织造回丝、服装裁剪边角料等均可通过开松设备进行机械（物理）开松，生产出符合纺纱要求的纤维（图 3-18）。后续化学分离技术实现工业化试样后预计总产能可实现 15%～25% 的提高，且对于化纤类产品回收数量将突破新高，大幅度降低环境污染并提高资源利用。

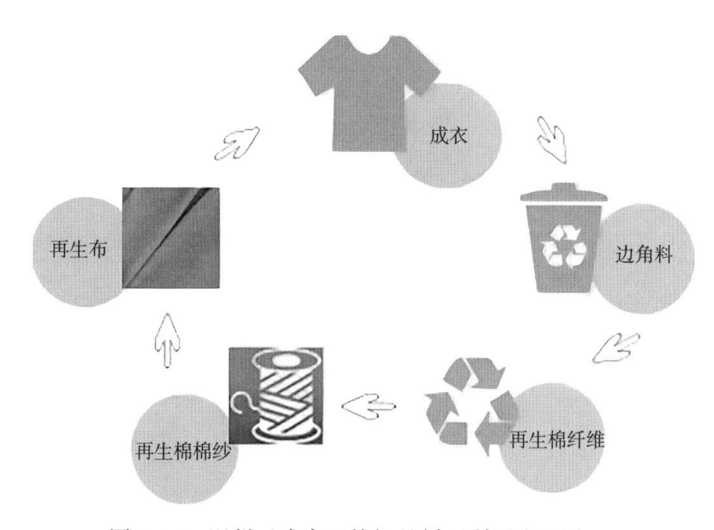

图 3-18　温州天成废旧纺织品循环利用流程图

天成和迪卡侬、申洲等诸多品牌开展了闭环合作，目前成为趋势和热点。天成二十余年来一直专注于废旧纺织品的再生利用，从 2008 年开始在全球推广再生循环的品牌化闭环利用，最先引进 GRS 认证体系，目前是唯一和诸多品牌正在产业规模化的再生棉纱生产企业，同时主导和参与制定多项再生类纺织品的国家、行业和团体标准，成为指导和规范废旧纺织品及再生领域前处理、再生利用、纱线生产、商业经营的规范。

温州天成纺织有限公司主要技术经济指标和产品见表 3-1。

表 3-1 温州天成纺织有限公司主要技术经济指标和产品

主要回收的废旧纺织品种类	边角料、积压库存服装、废旧服装、废旧家纺		主要利用的废旧纺织品种类	废旧棉纺织品、废旧涤纶纺织品、废旧混料纺织品	
利用渠道	再生利用		综合利用产品	针织及机织等服装面料用纱、工业用纱及纤维、汽车内饰用纱、劳保及环保用纱	
技术经济指标	2020 年	2021 年	技术经济指标	2020 年	2021 年
回收能力（吨 / 年）	50000	50000	利用能力（吨 / 年）	50000	50000
实际回收量（吨）	52278	56240	实际利用量（吨）	47050	50616
销售收入（万元）	28753	30930	销售收入（万元）	68580	74200
利润（万元）	2300.5	2474.5	利润（万元）	5486.5	5950.2
纳税额（万元）	1293.8	1391.8	纳税额（万元）	3086.1	3341.2

（二）愉悦家纺有限公司

愉悦家纺有限公司（以下简称愉悦家纺）成立于 2013 年，作为一家完整的全生命周期纺织生态链的国家高新技术企业。依据循环经济 3R 原则，愉悦家纺探索建立了基于“资源—产品—再生资源”废纺、能源、水资源、工业固废循环发展产业链，围绕低碳运营，打造低碳设计、低碳替代、低碳减量、低碳清洁、低碳循环、低碳消费六位一体的愉悦特色低碳新模式，成为中国纺织行业绿色环保和循环经济的倡导者和践行者。在废旧纺织品循环再生方面，愉悦家纺对消费前废纺循环再生纤维、纱线、面料、家纺居家、服装服饰等纺织产品，以及废纺循环再生工业面料、物流托盘、桌椅家具及板材，保温建筑板、纤维毡等废纺循环再生工业产品等做了深入研究和产品开发。

消费前废纺循环再生纺织产品包括各种循环再生纤维、循环再生纱线、循环再生面料及循环再生靠垫、帆布袋、编织地毯、窗帘、茶巾、床品、搬家毯、T 恤、编织坐垫、编织收纳盒等家纺居家成品；消费前废纺循环再生纺织产品原料来源清晰，安全性风险可控，可追溯；依靠愉悦家纺全产业链优势、产品设计优势以及专利技术，突出高品质的产品特色；生产的各类再生产品符合国家和行业标准，产品质量通过最严苛的测试，满足服用、家纺等各类别的纺织品应用；已于 2019 年通过全球回收标准 GRS（Global Recycled Standard）全流程认证，进一步增强了愉悦家纺纺织产品的绿色环保竞争力；由于与国际品牌的可持续发展战略高度契合，已从 2016 年开始批量产业化。

围绕消费后废纺循环再利用，愉悦家纺依托专利技术，开发了废纺再生工业面料，废纺再生基物流托盘，废纺再生基桌椅家具及板材，废纺再生基保温建筑板、废纺再生纤维毡等循环再生工业产品，将废旧纺织品“吃干榨尽”，实现分级循环再生利用，计划年循环再生处理量达 1 万吨以上。

（三）唐山三友集团兴达化纤有限公司

唐山三友集团兴达化纤有限公司（以下简称三友化纤）是黏胶短纤维、莫代尔纤维、竹代尔纤维生产商。三友化纤通过低碳产品开发、节能减排技术应用、品牌战略规划构建等方式，不断推动企业向低碳、零碳方向发展。2021 年 10 月，三友化纤正式披露企业双碳愿景：将努力在 2030 年实现单位产品碳减排 30%，在 2055 年实现碳中和。

唐山三友集团兴达化纤有限公司利用瑞典 Re:newcell 的 Circulose™ 和 Södra 的 OnceMore™ 废旧棉纺织品再生溶解浆与经可持续认证的木浆混合，生产含有回收棉的黏胶短纤——唐丝®ReVisco™。

浆粕是生产再生纤维素纤维的重要原料，目前，三友化纤已成功应用多种不同浆粕生产再生纤维素纤维，探索出适合废旧纺织品浆粕的配套工艺路线，为实现原料的可持续提供了更多技术保障，提升了企业原料采购抗风险能力。唐丝®ReVisco™ 是唐山三友集团兴达化纤有限公司唐丝®品牌系列下的产品，它的原料取材于废旧纺织品和经可持续认证的林木，通过工艺处理而成的可持续产品。产品实现了棉制品回收及其在黏胶纤维领域的工业化循环利用，可以减少二氧化碳的排放，水、化学物质和土地的使用。

（四）安徽省天助纺织科技集团股份有限公司

安徽省天助纺织科技集团股份有限公司（以下简称安徽天助）成立于2002年，专业从事废旧纺织品循环利用和高值化产品研发、生产、销售。安徽天助通过废旧纺织品边角料回收分拣和涤棉分离关键技术，以再生时尚环保袋、新型聚酯复合新材料、宠物用纺织品三大板块为发展重点，实现废纺全产业链发展，建立资源节能型、环境友好型工厂，成为区域性废旧纺织品综合利用示范企业，入选2022年“安徽省绿色工厂”。

（五）浙江佳人新材料有限公司

浙江佳人新材料有限公司（以下简称浙江佳人）成立于2012年，是目前国内领先的化学法循环再生聚酯企业。每年处理废旧纺织品4万吨，年产3万吨再生产品。佳人采用独有的涤纶化学循环再生系统，以废弃的废旧纺织品、服装厂边角料等为初始原料，通过独特的化学分解技术将废弃聚酯材料还原成化学小分子，经过精馏、过滤、提纯及聚合等高精尖技术手段，重新制成新的具有高品质、多功能、可追溯的聚酯纤维。产品广泛用于运动、户外、服装、家纺、汽车内饰、膜等领域，真正意义上实现从废旧纺织品到再生新材料的闭合永久循环圈，可有效降低对石油资源的依赖，减少废弃物的产生。

作为化学法循环再生纤维企业的领跑者，公司先后取得了GRS纺织服装全球回收标准、Intertek、Oeko-Tex Standard 100纺织品生态、绿色纤维、绿色产品等认证，并凭借着高品质的循环再生化学纤维产品，成功和迪卡侬、伊藤忠、韩国三星集团、日本帝人等国际品牌展开合作。

浙江佳人参与的“废旧棉、涤纺织品清洁再生与高值化利用关键技术和工程示范”项目列入2020年度国家重点研发计划“固废资源化”重点专项项目。目前，浙江佳人7万吨废纺资源化高品质绿色循环再生聚酯项目已正式落户上虞区。未来，力争在5～10年内形成30万～50万吨级的绿色循环再生纤维产业。浙江佳人废旧纺织品循环利用流程图如图3-19所示。

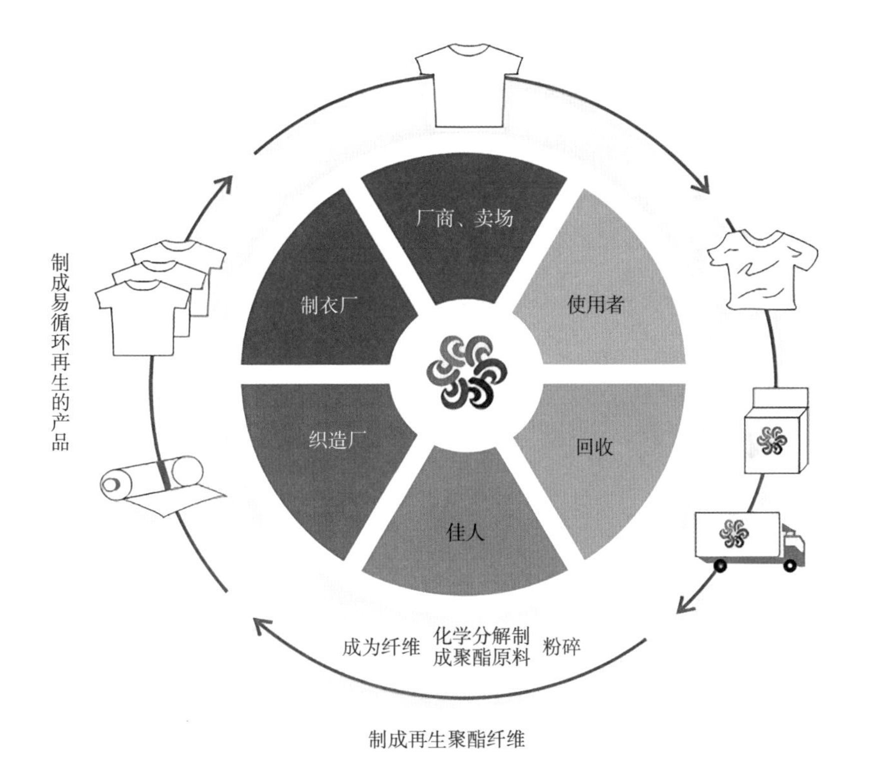

图 3-19　浙江佳人废旧纺织品循环利用流程图

（六）张家港市澳洋呢绒有限公司

张家港市澳洋呢绒有限公司（以下简称澳洋）是一家集纺纱、织布、毛纺、国际贸易于一体的现代化企业。其产品定位于中高端粗纺毛呢面料，采用先进工艺，生产各类高品质毛呢面料。澳洋每年开发的新产品可达 300 多种，拥有多项专利产品，主要面向国内外各大品牌商，如 INDITEX、CA 等。

澳洋的 Recycle 系列是拳头产品，生产技术在业内处于领先水平，同时也是澳洋的优势产品，市场份额逐年递增。为配合可持续发展理念，澳洋从 2009 年就开始了回收羊毛产品的开发及生产，2016 年投资了一家废旧原料的开松厂，工厂均采用先进的封闭式全自动开松机，整个工厂采用管道式运输进行上下料及包装，保证了整个生产环境的干净。目前产品主要是以毛涤混纺的机织面料为主，可分为消费前产品和消费后产品。所谓消费前，指原料是未经过消费的，主要是从服装厂、精纺厂或纺织厂购买边角料、废旧衣物。消费后产品的原料主要是回收来的旧衣物，澳洋主要有两个渠道，一个是快时尚门店回收的旧衣服，另一个是从有资质的回收公司收购。收购回来的原料先进行初步的分拣，即根据颜色、材质大致分类。随后进行裁剪，将辅料及饰品去除，去除完成后先进行切碎然后再进行开松成纤维。后经染色、纺纱、织造、后整理，最终成为毛呢面料（图 3-20）。

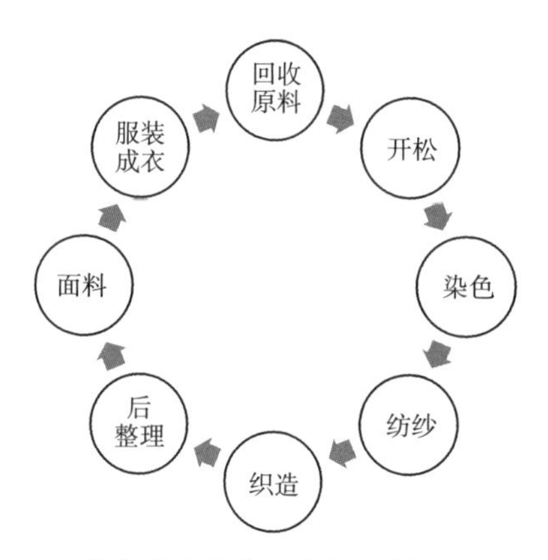

图 3-20　张家港澳洋废旧纺织品循环利用流程图

Recycled 原料在经过二次开松后，毛纤维程度变得更短，因此在生产工艺和设备方面进行研发和改良，经过多次实践，在开松方面，与生产设备厂家联合攻关，目前开松的纤维长度提高了 20%，满足了可纺性。在纺纱方面，澳洋改进苏拉纺纱的速率，同时增加了特吕茨自调匀整机，成功解决了后面回收原料所产生的纱粗细不匀的现象。在后整理上，澳洋调整相应的工序中的各项流程，现在能保证了成品的水渍牢度。最大的突破是化学品（重金属和 APEO），澳洋现在的回收原料产品已经能够成熟稳定地控制在欧盟的标准以内。

（七）鼎缘（杭州）纺织品科技有限公司

鼎缘（杭州）纺织品科技有限公司从比利时进口的 VALVAN 分拣线

采用自主研发的光谱分析技术，使物料可以沿输送帘向前运动，通过光谱仪分析出纺织品成分，再通过输送带利用气压将纺织品送入相应成分的储存框，每小时产量可达 3600 件，按平均一件 0.35kg 来计算，每小时可分析 1260kg。

鼎缘（杭州）纺织品科技有限公司从意大利进口的 DELL'ORCO & VILLANI 开松线采用自主研发的开松技术，废旧纺织品可以沿输送帘送向横向、竖向切割机切碎，通过管道输送到混合、储料仓混合均匀。之后再通过喂料凝棉器将纺织品送往四组面料撕破组，面料撕破之后再经过除异物气旋组件、除纽扣组件和电子金属探测器将异物全部清除干净。之后通过振动型垂直喂料组件将纤维送至辊筒式精细梳理开松组件将废旧纺织品进一步开松成纤维。完成上述动作之后可以透过地面双缸自动打包机组进行打包，这种开松方式对于物料纤维的长度和种类适应性强，可以是纺织物类（如废旧纺织品、麻纤维下脚料、汽车轮胎内帘子线碎线头），也可以是非纺织原料（如竹子、麻秆、椰子壳）。采用全物理方法开松，完全节能环保。每小时产量可达 1500 ~ 2000kg，根据原材料而定。

鼎缘（杭州）纺织品科技有限公司从意大利进口的高马特斯气流成网线采用自主研发的气流控制技术，使物料可以沿输送帘向前运动方向水平排列，这种水平排列方式对于物料纤维的长度和种类适应性强，可以是 3 ~ 5mm，也可以是 30 ~ 60mm。可以是纺织物类（如废旧纺织品、麻纤维下脚料、汽车轮胎内帘子线碎线头），也可以是非纺织原料（如木质材料、纸、废旧皮革、陶瓷纤维、玻璃纤维、玄武岩纤维等）。采用多点在线连续称重和自动智能调节技术，成网纤层质量均匀度高（3% ~ 5%，取决于物料），产能高，每米幅宽可达 500kg/h（设备幅宽为 2.6m）。

（八）华润环保服务有限公司

华润环保服务有限公司充分探索绿色低碳循环发展经济模式，下属企业润薇服饰秉持“我设计、我制造、我回收”的理念，打造“润智收”旧衣回收项目，通过环保再造、循环再用、环保再生等手段，打造服装全生命周期资源循环再利用闭环体系，积极拓展线上推广，向社会传递绿色环保理念。“润智收”旧衣回收平台建立至 2021 年底，累计参加 21028 人次，收集旧衣 38144kg（约 8 万件），减少碳排量 137.32t。

润薇服饰建立“润智收”旧衣回收线上平台，将旧衣回收工作从线下转移到线上、从系统扩大到千家万户，通过预约第三方免费上门回收，按照旧衣回收质量转换成积分，所得积分可参与线上兑换商品或通过实施捐赠支持扶贫项目。回收的旧衣，部分进行翻新后用于再次流通；部分进行纤维加工后成为再生纺织原料；部分破碎后成为替代燃料，达到节能减排的效果。

润薇服饰与华润置地“有巢公寓”平台联合号召租客参与“衣”起行动，“旧”有未来活动，实现双方服务业务互嵌互联；携手无锡市民政局工会、华润微电子工会联盟“润善汇”共同策划推出“衣善芯”项目，定期到无锡相关企事业单位上门开展集中回收服务，增强民众的环保意识。

华润环保服装全生命周期循环再利用闭环体系如图 3-21 所示。

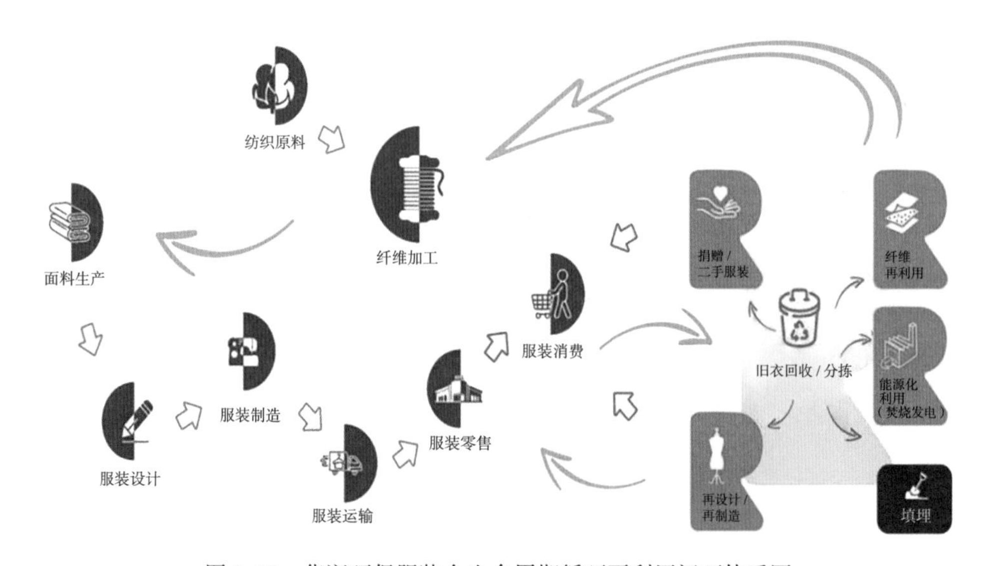

图 3-21　华润环保服装全生命周期循环再利用闭环体系图

（九）赛得利集团

赛得利集团（以下简称赛得利）是一家专业生产纤维素纤维的国际化

企业。为更好地服务全球纤维素纤维行业发展最大最快的中国市场，赛得利在中国设立了六家纤维素纤维工厂，纤维素纤维的产能达180万吨，公司还经营莱赛尔工厂、纱线厂和非织造布工厂。赛得利总部设立于上海，为亚洲、欧洲和美国市场提供覆盖完整的营销网络和客户服务。

2020年6月，赛得利开发的纤生代FINEX™正式发布，纤生代FINEX™由生物基纤维制成，这种优质新纤维使用的原料取自瑞典Södra公司消费后纺织废料溶解浆和PEFC认证木浆。赛得利旗下南京林茨纱线厂采用紧赛纺和涡流纺两种先进技术试纺，证实了新纤维与现有纺纱技术设备兼容性很好，纱线生产稳定，无须调整现有工艺或参数。该纤维具有优良的纺纱效率和可纺性，所得纱线均匀性和强度都有上佳表现。

赛得利承诺利用废旧纺织品，并且到2023年，生产的黏胶产品中含有50%的再生原料；到2030年，生产的黏胶产品中含有100%的再生原料。到2025年，赛得利供应的原料中有20%将含有可替代材料或再生材料。

赛得利废旧纺织品循环利用流程如图3-22所示。

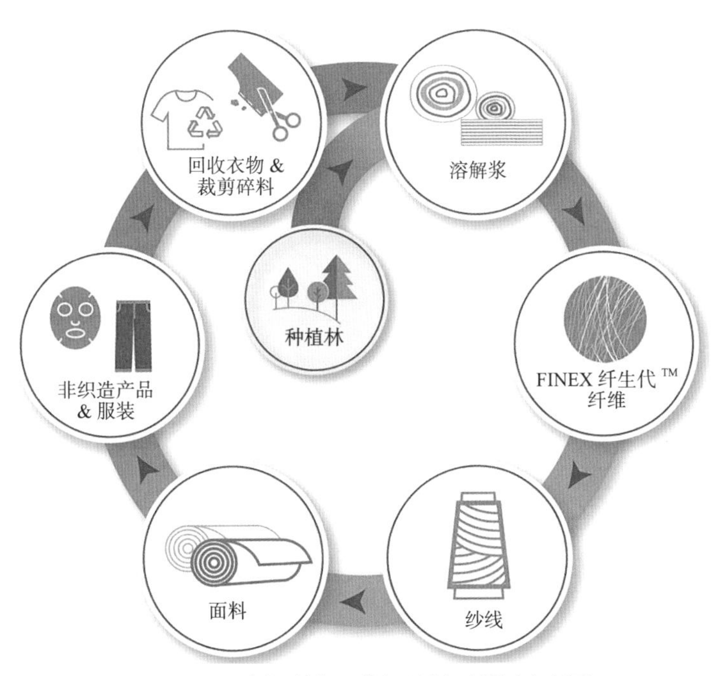

图3-22 赛得利废旧纺织品循环利用流程图

（十）蠡县青山防水材料有限公司

蠡县青山防水材料有限公司是一家以废旧纺织品为原料生产自黏性防水卷材的企业。公司防水卷材的工艺流程为：废旧纺织品经过破碎、梳理、成型浸胶、烘干后获得胎基，胎基进一步经过搭接、浸渍沥青、涂油后与玻纤布、防黏膜复合制成耐候防水卷材。目前，青山公司工厂拥有 5 条防水卷材自动化生产线，产品通过了中国建筑材料测试中心检测认证，使用寿命达 30 年以上，并且在生产中不产生废水、废气。该产品已申请国家发明专利并出口欧美，具有绿色环保、施工简单、使用寿命长、抗老化、稳固性好、不龟裂等特点。

（十一）烟台万华循环纤维发展有限公司

烟台万华循环纤维发展有限公司是万华集团下属的废旧纺织品综合利用专业化公司。目前，万华公司的主要产品为废纺纤维板材，该板材 100% 由回收纤维制成，不添加任何化学添加剂，符合国家环保要求，可作为建筑材料和物流仓储托盘使用，其工艺流程为：废旧纺织品经过分拣、消毒后，再经过开松、混合、成网、交联、压制成型。

（十二）华东理工大学华昌聚合物有限公司

华东理工大学华昌聚合物有限公司专注于高性能基体树脂的研究、开发和生产。在废旧纺织品综合利用方面，公司以废旧涤纶或者涤纶混纺纺织品、废旧热塑性树脂为主要原料，将两者分别粉碎，并保证废旧纺织品、树脂尺寸分别在 50mm、20mm 以下，两者干燥、混合后采用低温固相法（不高于 230℃）进行挤出造粒，然后通过冷顶法（不高于 230℃）对粒子挤出成型，得到纤维增强的纤塑复合型材。相比于木塑，纤塑在成分与微观结构、生产工艺和使用性能等多个方面体现出更好的性价比优势。

（十三）湖州欣瑞纤维科技有限公司

湖州欣瑞纤维科技有限公司成立于 2021 年 6 月，是浙江美欣达纺织印染科技有限公司的一级子公司。通过搭建“线上+线下”多元化回收体系，利用先进技术设备，高效、科学地进行以废旧纺织品综合循环利用再生产的一家科技型公司。公司紧随“碳达峰、碳中和”时代趋势，以全链条服务为纺织废料提供解决方案，努力建设全面绿色低碳循环经济体系。公司产品主要包括再生纤维棉及纱线、汽车内饰棉，拥有年生产能力约 6000t，均满足再生棉 GRS 和 RCS 体系认证。

湖州欣瑞废旧纺织品循环利用流程如图 3-23 所示。

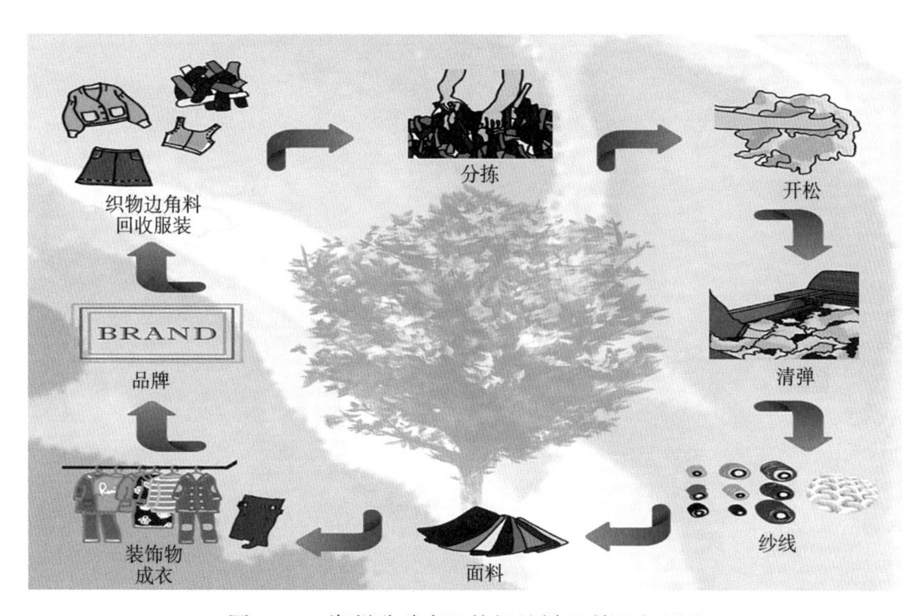

图 3-23 湖州欣瑞废旧纺织品循环利用流程图

（十四）中民循环经济产业技术开发（山东）有限公司

中民循环经济产业技术开发（山东）有限公司是一家从事废旧纺织品回收及利用的企业。公司主要以消费后废旧纺织品为原料，多数来自部队的废旧军装，少数来自民用，经过分拣、消毒、开松后，制成再生纤维，进一步加工成劳保手套、救援帐篷、救援服装、救灾板房、布包等终端产品，每年可利用 1 万吨的废旧纺织品。

2020 年度中国废旧纺织品利用量排序名单见表 3-2。

表 3-2　2020 年度中国废旧纺织品利用量排序名单

序号	企业名称
1	温州天成纺织有限公司
2	安徽省天助纺织科技集团股份有限公司
3	中民循环经济产业技术开发（山东）有限公司
4	芜湖立新清洁用品有限公司
5	张家港市澳洋呢绒有限公司
6	蠡县青山防水材料有限公司

第四章
政策制度建设情况

一、2020—2022年政策规划发布情况

（一）法律法规

2020年4月29日，第十三届全国人民代表大会常务委员会第十七次会议第二次修订《中华人民共和国固体废物污染环境防治法》，提出废旧纺织品综合利用相关内容：

第一章　总则

第六条　国家推行生活垃圾分类制度。

生活垃圾分类坚持政府推动、全民参与、城乡统筹、因地制宜、简便易行的原则。

第七条　地方各级人民政府对本行政区域固体废物污染环境防治负责。

国家实行固体废物污染环境防治目标责任制和考核评价制度，将固体废物污染环境防治目标完成情况纳入考核评价的内容。

第二章　监督管理

第二十条　产生、收集、贮存、运输、利用、处置固体废物的单位和其他生产经营者，应当采取防扬散、防流失、防渗漏或者其他防止污染环境的措施，不得擅自倾倒、堆放、丢弃、遗撒固体废物。

第二十二条　转移固体废物出省、自治区、直辖市行政区域贮存、处置的，应当向固体废物移出地的省、自治区、直辖市人民政府生态环境主管部门提出申请。移出地的省、自治区、直辖市人民政府生态环境主管部门应当及时商经接受地的省、自治区、直辖市人民政府生态环境主管部门同意后，在规定期限内批准转移该固体废物出省、自治区、直辖市行政区域。未经批准的，不得转移。

转移固体废物出省、自治区、直辖市行政区域利用的，应当报固体废物移出地的省、自治区、直辖市人民政府生态环境主管部门备案。移出地的省、自治区、直辖市人民政府生态环境主管部门应当将备案信息通报接受地的省、自治区、直辖市人民政府生态环境主管部门。

第二十三条　禁止中华人民共和国境外的固体废物进境倾倒、堆放、处置。

第二十四条　国家逐步实现固体废物零进口，由国务院生态环境主管部门会同国务院商务、发展改革、海关等主管部门组织实施。

第二十九条　设区的市级人民政府生态环境主管部门应当会同住房城乡建设、农业农村、卫生健康等主管部门，定期向社会发布固体废物的种类、产生量、处置能力、利用处置状况等信息。

产生、收集、贮存、运输、利用、处置固体废物的单位，应当依法及时公开固体废物污染环境防治信息，主动接受社会监督。

利用、处置固体废物的单位，应当依法向公众开放设施、场所，提高公众环境保护意识和参与程度。

第三十条　县级以上人民政府应当将工业固体废物、生活垃圾、危险废物等固体废物污染环境防治情况纳入环境状况和环境保护目标完成情况年度报告，向本级人民代表大会或者人民代表大会常务委员会报告。

第四章　生活垃圾

第四十三条　县级以上地方人民政府应当加快建立分类投放、分类收集、分类运输、分类处理的生活垃圾管理系统，实现生活垃圾分类制度有效覆盖。

第四十五条　县级以上人民政府应当统筹安排建设城乡生活垃圾收集、运输、处理设施，确定设施厂址，提高生活垃圾的综合利用和无害化处置水平，促进生活垃圾收集、处理的产业化发展，逐步建立和完善生活垃圾污染环境防治的社会服务体系。

县级以上地方人民政府有关部门应当统筹规划，合理安排回收、分拣、打包网点，促进生活垃圾的回收利用工作。

第四十七条　设区的市级以上人民政府环境卫生主管部门应当制定生活垃圾清扫、收集、贮存、运输和处理设施、场所建设运行规范，发布生活垃圾分类指导目录，加强监督管理。

第四十九条　产生生活垃圾的单位、家庭和个人应当依法履行生活垃圾源头减量和分类投放义务，承担生活垃圾产生者责任。

已经分类投放的生活垃圾，应当按照规定分类收集、分类运输、分类处理。

第五十四条　从生活垃圾中回收的物质应当按照国家规定的用途、标准使用，不得用于生产可能危害人体健康的产品。

第五十八条　县级以上地方人民政府应当按照产生者付费原则，建立生活垃圾处理收费制度。

县级以上地方人民政府制定生活垃圾处理收费标准，应当根据本地实际，结合生活垃圾分类情况，体现分类计价、计量收费等差别化管理，并充分征求公众意见。生活垃圾处理收费标准应当向社会公布。

生活垃圾处理费应当专项用于生活垃圾的收集、运输和处理等，不得挪作他用。

第七章　保障措施

第九十二条　国务院有关部门、县级以上地方人民政府及其有关部门在编制国土空间规划和相关专项规划时，应当统筹生活垃圾、建筑垃圾、危险废物等固体废物转运、集中处置等设施建设需求，保障转运、集中处置等设施用地。

第九十四条　国家鼓励和支持科研单位、固体废物产生单位、固体废物利用单位、固体废物处置单位等联合攻关，研究开发固体废物综合利用、集中处置等的新技术，推动固体废物污染环境防治技术进步。

第九十五条　各级人民政府应当加强固体废物污染环境的防治，按照事权划分的原则安排必要的资金用于下列事项：

（一）固体废物污染环境防治的科学研究、技术开发；

（二）生活垃圾分类；

（三）固体废物集中处置设施建设；

（四）重大传染病疫情等突发事件产生的医疗废物等危险废物应急处置；

（五）涉及固体废物污染环境防治的其他事项。

第一百条　国家鼓励单位和个人购买、使用综合利用产品和可重复使用产品。

县级以上人民政府及其有关部门在政府采购过程中，应当优先采购综合利用产品和可重复使用产品。

第八章　法律责任

第一百零二条　违反本法规定，有下列行为之一，由生态环境主管部门责令改正，处以罚款，没收违法所得；情节严重的，报经有批准权的人民政府批准，可以责令停业或者关闭：

（一）产生、收集、贮存、运输、利用、处置固体废物的单位未依法及时公开固体废物污染环境防治信息的；

（五）转移固体废物出省、自治区、直辖市行政区域贮存、处置未经批准的；

（六）转移固体废物出省、自治区、直辖市行政区域利用未报备案的；

第一百一十五条　违反本法规定，将中华人民共和国境外的固体废物输入境内的，由海关责令退运该固体废物，处五十万元以上五百万元以下的罚款。

承运人对前款规定的固体废物的退运、处置，与进口者承担连带责任。

（二）中共中央、国务院文件

1.《2030 年前碳达峰行动方案》

2021 年 10 月，国务院发布《2030 年前碳达峰行动方案》，提出废旧纺织品综合利用相关内容：

二、主要目标

“十四五”期间，绿色低碳技术研发和推广应用取得新进展，绿色生产生活方式得到普遍推行，有利于绿色低碳循环发展的政策体系进一步完善。

“十五五”期间，绿色低碳技术取得关键突破，绿色生活方式成为公众自觉选择，绿色低碳循环发展政策体系基本健全。

（六）循环经济助力降碳行动。

3. 健全资源循环利用体系。完善废旧物资回收网络，推行“互联网 +”回收模式，实现再生资源应收尽收。加强再生资源综合利用行业规范管理，促进产业集聚发展。高水平建设现代化“城市矿产”基地，推动再生资源规范化、规模化、清洁化利用。推进退役动力电池、光伏组件、风电机组叶片等新兴产业废物循环利用。促进汽车零部件、工程机械、文办设备等再制造产业高质量发展。加强资源再生产品和再制造产品推广应用。到 2025 年，废钢铁、废铜、废铝、废铅、废锌、废纸、废塑料、废橡胶、废玻璃等 9 种主要再生资源循环利用量达到 4.5 亿吨，到 2030 年达到 5.1 亿吨。

4. 大力推进生活垃圾减量化资源化。扎实推进生活垃圾分类，加快建立覆盖全社会的生活垃圾收运处置体系，全面实现分类投放、分类收集、分类运输、分类处理。加强塑料污染全链条治理，整治过度包装，推动生活垃圾源头减量。推进生活垃圾焚烧处理，降低填埋比例，探索适合我国厨余垃圾特性的资源化利用技术。推进污水资源化利用。到 2025 年，城市生活垃圾分类体系基本健全，生活垃圾资源化利用比例提升至 60% 左右。到 2030 年，城市生活垃圾分类实现全覆盖，生活垃圾资源化利用比例提升至 65%。

（七）绿色低碳科技创新行动。

1. 完善创新体制机制。完善绿色低碳技术和产品检测、评估、认证体系。

4. 加快先进适用技术研发和推广应用。推广先进成熟绿色低碳技术，开展示范应用。

（九）绿色低碳全民行动。

增强全民节约意识、环保意识、生态意识，倡导简约适度、绿色低碳、文明健康的生活方式，把绿色理念转化为全体人民的自觉行动。

1. 加强生态文明宣传教育。将生态文明教育纳入国民教育体系，开展多种形式的资源环境国情教育，普及碳达峰、碳中和基础知识。加强对公众的生态文明科普教育，将绿色低碳理念有机融入文艺作品，制作文创产品和公益广告，持续开展世界地球日、世界环境日、全国节能宣传周、全国低碳日等主题宣传活动，增强社会公众绿色低碳意识，推动生态文明理念更加深入人心。

2. 推广绿色低碳生活方式。坚决遏制奢侈浪费和不合理消费，着力破除奢靡铺张的歪风陋习，坚决制止餐饮浪费行为。在全社会倡导节约用能，开展绿色低碳社会行动示范创建，深入推进绿色生活创建行动，评选宣传一批优秀示范典型，营造绿色低碳生活新风尚。大力发展绿色消费，推广绿色低碳产品，完善绿色产品认证与标识制度。提升绿色产品在政府采购中的比例。

（十）各地区梯次有序碳达峰行动。

4. 组织开展碳达峰试点建设。加大中央对地方推进碳达峰的支持力度，选择100个具有典型代表性的城市和园区开展碳达峰试点建设，在政策、资金、技术等方面对试点城市和园区给予支持，加快实现绿色低碳转型，为全国提供可操作、可复制、可推广的经验做法。

五、政策保障

（一）建立统一规范的碳排放统计核算体系。加强碳排放统计核算能力建设，深化核算方法研究，加快建立统一规范的碳排放统计核算体系。支持行业、企业依据自身特点开展碳排放核算方法学研究，建立健全碳排放计量体系。推进碳排放实测技术发展，加快遥感测量、大数据、云计算等新兴技术在碳排放实测技术领域的应用，提高统计核算水平。积极参与国际碳排放核算方法研究，推动建立更为公平合理的碳排放核算方法体系。

（二）健全法律法规标准。构建有利于绿色低碳发展的法律体系，推动能源法、节约能源法、电力法、煤炭法、可再生能源法、循环经济促进法、清洁生产促进法等制定修订。加快节能标准更新，修订一批能耗限额、产品设备能效强制性国家标准和工程建设标准，提高节能降碳要求。健全可再生能源标准体系，加快相关领域标准制定修订。建立健全氢制、储、输、用标准。完善工业绿色低碳标准体系。建立重点企业碳排放核算、报告、核查等标准，探索建立重点产品全生命周期碳足迹标准。积极参与国际能效、低碳等标准制定修订，加强国际标准协调。

（三）完善经济政策。各级人民政府要加大对碳达峰、碳中和工作的支持力度。建立健全有利于绿色低碳发展的税收政策体系，落实和完善节能节水、资源综合利用等税收优惠政策，更好发挥税收对市场主体绿色低碳发展的促进作用。完善绿色电价政策，健全居民阶梯电价制度和分时电价政策，探索建立分时电价动态调整机制。完善绿色金融评价机制，建立健全绿色金融标准体系。大力发展绿色贷款、绿色股权、绿色债券、绿色保险、绿色基金等金融工具，设立碳减排支持工具，引导金融机构为绿色低碳项目提供长期限、低成本资金，鼓励开发性政策性金融机构按照市场化法治化原则为碳达峰行动提供长期稳定融资支持。拓展绿色债券市场的深度和广度，支持符合条件的绿色企业上市融资、挂牌融资和再融资。研究设立国家低碳转型基金，支持传统产业和资源富集地区绿色转型。鼓励社会资本以市场化方式设立绿色低碳产业投资基金。

（四）建立健全市场化机制。发挥全国碳排放权交易市场作用，进一步完善配套制度，逐步扩大交易行业范围。建设全国用能权交易市场，完善用能权有偿使用和交易制度，做好与能耗双控制度的衔接。统筹推进碳排放权、用能权、电力交易等市场建设，加强市场机制间的衔接与协调，将碳排放权、用能权交易纳入公共资源交易平台。积极推行合同能源管理，推广节能咨询、诊断、设计、融资、改造、托管等“一站式”综合服务模式。

2.《关于加快建立健全绿色低碳循环发展经济体系的指导意见》

2021年2月，国务院发布《关于加快建立健全绿色低碳循环发展经济体系的指导意见》，提出废旧纺织品综合利用相关内容：

二、健全绿色低碳循环发展的生产体系

（四）推进工业绿色升级。加快实施钢铁、石化、化工、有色、建材、纺织、造纸、皮革等行业绿色化改造。推行产品绿色设计，建设绿色制造体系。

三、健全绿色低碳循环发展的流通体系

（十一）加强再生资源回收利用。推进垃圾分类回收与再生资源回收“两网融合”，鼓励地方建立再生资源区域交易中心。加快落实生产者责任延伸制度，引导生产企业建立逆向物流回收体系。鼓励企业采用现代信息技术实现废物回收线上与线下有机结合，培育新型商业模式，打造龙头企业，提升行业整体竞争力。完善废旧家电回收处理体系，推广典型回收模式和经验做法。加快构建废旧物资循环利用体系，加强废纸、废塑料、废旧轮胎、废金属、废玻璃等再生资源回收利用，提升资源产出率和回收利用率。

七、完善法律法规政策体系

（二十二）健全绿色收费价格机制。按照产生者付费原则，建立健全生活垃圾处理收费制度，各地区可根据本地实际情况，实行分类计价、计量收费等差别化管理。

（三）国家发展和改革委员会文件

1.《关于加快推进废旧纺织品循环利用的实施意见》

2022年3月，国家发展和改革委员会、商务部、工业和信息化部发布《关于加快推进废旧纺织品循环利用的实施意见》，提出废旧纺织品综合利用相关内容：

一、总体要求

（三）主要目标。到2025年，废旧纺织品循环利用体系初步建立，循环利用能力大幅提升，废旧纺织品循环利用率达到25%，废旧纺织品再生纤维产量达到200万吨。到2030年，建成较为完善的废旧纺织品循环利用体系，生产者和消费者循环利用意识明显提高，高值化利用途径不断扩展，产业发展水平显著提升，废旧纺织品循环利用率达到30%，废旧纺织品再生纤维产量达到300万吨。

二、推进纺织工业绿色低碳生产

（四）推行纺织品绿色设计。鼓励纺织企业开展绿色设计，提高纺织品易拆解、易分类、易回收性。制定纺织品材质分类指南，鼓励生产企业依据指南在纺织品上设置包含面料材质信息的可视化标签或可机读无线射频识别标签，提高废旧纺织品分拣效率和准确性。

（五）鼓励使用绿色纤维。鼓励纺织企业优先使用绿色纤维原料，加强绿色产品标准、认证、标识体系建设。引导支持纺织企业特别是品牌企业使用再生纤维及制品，提高再生纤维的替代使用比例，促进废旧纺织品高值化利用。有序推进生物基纤维及制品的研发、生产和应用，突出生物基纤维可自然降解优势。

（六）强化纺织品生产者社会责任。鼓励企业落实中国纺织服装企业社会责任管理体系（CSC9000T），提高纤维材料资源化利用水平。引导有关机构和企业研究制定废旧纺织品循环利用目标及路线图，积极推进废旧纺织品循环利用。支持有关机构和企业研究废旧纺织品资源价值核算方法和评价指标，逐步构建支撑再生纺织品生态价值的市场机制。

三、完善废旧纺织品回收体系

（七）完善回收网络。推动合理设置废旧纺织品专用回收箱或相关设施，打通回收箱进社区、进机关、进商场、进校园的壁垒，提高回收箱体覆盖率，鼓励引导回收企业向三四线及以下城市下沉布局。结合农村实际，探索推进农村废旧纺织品回收。结合废旧物资循环利用体系建设，合理布局建设分拣中心和资源化利用分类处理中心，及时精细化分拣和分类处理废旧纺织品。

（八）拓宽回收渠道。积极发展互联网 + 回收，促进线上线下融合发展。充分利用生活垃圾分类系统收集废旧纺织品。探索一袋式上门回收、毕业季进校园等新型回收模式。培育回收龙头企业，建立重点联系企业制度，加强废旧纺织品回收行业调查，引领行业规范发展。鼓励有关行业协会和企业建设废旧纺织品回收及资源化利用信息化平台，整合废旧纺织品来源和数量、利用去向和方式等信息，提高信息透明度，增强公众参与废旧纺织品循环利用积极性。

（九）强化回收管理。规范回收主体及回收行为，打击违法违规回收行为和不规范生产经营活动，杜绝劣币驱逐良币现象。对违法违规填埋、焚烧废旧纺织品等行为依法予以处理，涉嫌犯罪的移送公安机关依法查处。指导行业协会加强废旧纺织品回收利用数据统计分析。

四、促进废旧纺织品综合利用

（十）规范开展再利用。按照节约经济、绿色低碳原则，有序推动旧衣物交易。制修订旧衣物清洗、消毒标准及技术规范，完善卫生防疫要求和市场交易管理规范。加强旧衣物卫生防疫监管，规范交易市场和平台，打击假冒伪劣、以次充好等欺诈行为。引导旧衣物出口规范化，出口企业要依法如实向海关申报，确保旧衣物清洗、消毒等符合进口国（地区）有关要求，树立良好国际形象。鼓励企业和居民通过慈善组织向有需要的困难群众依法捐赠合适的旧衣物。

（十一）促进再生利用产业发展。扩大废旧纺织品再生利用规模，加强纺织工业循环利用废旧纺织品，推动废旧纺织品再生产品在建筑材料、汽车内外饰、农业、环境治理等领域的应用，鼓励将不能再生利用的废旧纺织品规范开展燃料化利用。推动废旧纺织品再生利用产品高值化发展，支持废旧纺织品利用企业研发生产高附加值产品。鼓励利用企业加强与回收企业衔接，延伸产业链，开展兼并重组，培育具有产业链领导力的龙头企业。强化行业监管和整治，惩处违法违规经营活动和环境违法行为。

（十二）实施制式服装重点突破。将废旧军服、警服、校服等制式服装作为废旧纺织品循环利用的突破口，推行绿色设计、使用绿色纤维，选择重点领域和重点区域，加大支持力度，组织有能力的企业开展废旧制式服装循环利用试点，优化集中循环利用技术路径和市场化机制，提高统一着装部门、行业制服工装、校服的循环利用率。

五、加强支撑保障

（十三）完善标准规范。完善废旧纺织品回收、消毒、分拣和综合利用等系列标准，建立健全废旧纺织品循环利用标准体系。修订《纤维制品质量监督管理办法》《再加工纤维质量行为规范》《絮用纤维制品通用技术要求》等标准规范文件。推动落实《循环再利用化学纤维（涤纶）行业规范条件》，提高以废旧纺织品为原料的再生涤纶产量，开展规范公告工作，促进循环再利用涤纶行业高质量发展。

（十四）加快科技创新。将废旧纺织品循环利用关键技术纳入国家重点研发计划，依托骨干企业，加快突破一批废旧纺织品纤维识别、高效分拣、混纺材料分离和再生利用重点技术及装备。鼓励企业与高等院校、专业科研机构等开展产学研合作，加快推动先进适用技术装备研发和产业化应用。

（十五）强化政策扶持。落实资源综合利用税收优惠政策，支持废旧纺织品循环利用。在依法合规、风险可控的前提下，为废旧纺织品循环利用企业提供信贷产品和服务，支持符合条件的废旧纺织品循环利用企业发行绿色债券。加大对废旧纺织品循环利用的支持力度，鼓励有条件的地方对废旧纺织品循环利用予以资金支持。

六、强化组织实施

（十六）加强统筹协调。各地发展改革部门要会同工业和信息化、商务、教育、科技、公安、民政、财政、自然资源、生态环境、住房和城乡建设、农业农村、卫生健康、海关、税务、市场监管、机关事务管理等部门，切实履行职责，按照职能分工，建立责任明确、协调有序、监管有力的工作协调机制，强化政策联动，统筹推动本地区废旧纺织品循环利用，确保取得工作实效。

（十七）强化典型引领。结合废旧物资循环利用体系重点城市建设，支持大中型城市率先建立废旧纺织品循环利用体系，探索高效循环利用模式，促进产业集聚发展，形成规模效益。培育废旧纺织品循环利用骨干企业，支持重点支撑项目建设，发挥引领带动作用。编制典型城市和骨干企业实践案例，及时总结推广经验做法，促进废旧纺织品循环利用产业高质量发展。

（十八）做好宣传引导。通过多种形式宣传废旧纺织品循环利用，加强再生纺织品优质宣传。鼓励党政机关和学校、医院等公共机构使用废旧纺织品再生制品。开展废旧纺织品循环利用进校园、进社区等宣教和实践活动。将废旧纺织品循环利用纳入节能环保宣传主题活动，倡导简约适度、绿色低碳的生活方式。开展知名品牌使用再生纤维联合倡议活动，鼓励行业内企业开展创新设计大赛等推广活动，营造全社会共同参与废旧纺织品循环利用的良好氛围。

2.《关于加快废旧物资循环利用体系建设的指导意见》

2022年1月，国家发展和改革委员会、商务部、工业和信息化部、财政部、自然资源部、生态环境部、住房和城乡建设部发布《关于加快废旧物资循环利用体系建设的指导意见》，提出废旧纺织品综合利用相关内容：

二、完善废旧物资回收网络

（五）加强废旧物资分拣中心规范建设。合理布局分拣中心，因地制宜新建和改造提升绿色分拣中心，落实环境保护、安全生产、产品质量、劳动保护等要求。分类推进综合型分拣中心和专业型分拣中心建设。综合型分拣中心要强化安全检测、分拣、打包、存储等处置功能，为生活源、商业源再生资源和生活垃圾分类后可回收物利用提供保障。专业型分拣中心要强化分选、剪切、破碎、清洗、打包、存储等处置功能。（商务部、住房和城乡建设部、自然资源部、生态环境部按职责分工负责）

（六）推动废旧物资回收专业化。鼓励各地区采取特许经营等方式，授权专业化企业开展废旧物资回收业务，实行规模化、规范化运营。引导回收企业按照下游再生原料、再生产品相关标准要求，提升废旧物资回收环节预处理能力。培育多元化回收主体，鼓励各类市场主体积极参与废旧物资回收体系建设；鼓励回收企业与物业企业、环卫单位、利用企业等单位建立长效合作机制，畅通回收利用渠道，形成规范有序的回收利用产业链条；鼓励钢铁、有色金属、造纸、纺织、玻璃、家电等生产企业发展回收、加工、利用一体化模式。（商务部、自然资源部、国家发展和改革委员会、住房和城乡建设部、工业和信息化部、生态环境部按职责分工负责）

三、提升再生资源加工利用水平

（八）推动再生资源加工利用产业集聚化发展。依托现有“城市矿产”示范基地、资源循环利用基地、工业资源综合利用基地，统筹规划布局再生资源加工利用基地和区域交易中心，做好用地、水电气等要素保障，推进环境、能源等基础设施共建共享，促进再生资源产业集聚发展，推动再生资源规模化、规范化、清洁化利用。鼓励京津冀、长三角、珠三角、成渝、中原、兰西等重点城市群建设区域性再生资源加工利用产业基地。完善再生资源类固体废物跨地区运输备案机制，提升再生资源跨区转运效率。（国家发展和改革委员会、工业和信息化部、自然资源部、住房和城乡建设部、生态环境部、商务部按职责分工负责）

（九）提高再生资源加工利用技术水平。加大再生资源先进加工利用技术装备推广应用力度，推动现有再生资源加工利用项目提质改造，开展技术升级和设备更新，提高机械化、信息化和智能化水平。支持企业加强技术装备研发，在精细拆解、复合材料高效解离、有价金属清洁提取、再制造等领域，突破一批共性关键技术和大型成套装备。（国家发展和改革委员会、科技部、工业和信息化部按职责分工负责）

四、推动二手商品交易和再制造产业发展

（十）丰富二手商品交易渠道。鼓励“互联网＋二手”模式发展，促进二手商品网络交易平台规范发展，提高二手商品交易效率。支持线下实体二手市场规范建设和运营，鼓励建设集中规范的“跳蚤市场”。有条件的地区可建设集中规范的车辆、家电、手机、家具、服装等二手商品交易市场和交易专区。鼓励社区建设二手商品寄卖店、寄卖点，定期组织二手商品交易活动，促进居民家庭闲置物品交易和流通。鼓励各级学校设置旧书分享角、分享日，促进广大师生旧书交换使用。（商务部、自然资源部、住房和城乡建设部按职责分工负责）

（十一）完善二手商品交易管理制度。建立健全二手商品交易规则，明确相关市场主体权利义务。推动二手商品交易诚信体系建设，加强交易平台、销售者、消费者、从业人员信用信息共享。分品类完善二手商品鉴定、评估、分级等标准体系。完善二手商品评估鉴定行业人才培养和管理机制，培育权威的第三方鉴定评估机构。完善计算机类、通讯类和消费类电子产品信息清除标准规范。推动落实取消二手车限迁政策。研究解决二手商品转售、翻新等服务涉及的知识产权问题。（商务部、国家发展和改革委员会、市场监管总局、公安部、工业和信息化部、知识产权局按职责分工负责）

五、完善废旧物资循环利用政策保障体系

（十三）加强要素保障。各地区要将交投点、中转站、分拣中心等废旧物资回收网络相关建设用地纳入相关规划，并将其作为城市配套的基础设施用地，保障合理用地需求。加大对再生资源加工利用产业基地、二手交易市场的用地支持。结合农村实际，因地制宜规划布局农村废旧物资回收利用设施。保障废旧物资回收车辆合理路权，对车辆配备、通行区域、上路时段等予以支持和规范。（自然资源部、住房和城乡建设部、商务部、农业农村部、公安部、国家发展和改革委员会按职责分工负责）

（十四）加大投资财税金融政策支持。统筹现有资金渠道，加强对废旧物资循环利用体系建设重点项目的支持。鼓励有条件的地方政府制定低附加值可回收物回收利用支持政策。依法落实和完善节能节水、资源综合利用等相关税收优惠政策。研究完善再生资源回收行业税收政策，规范经营主体纳税行为。鼓励金融机构加大对废旧物资循环利用企业和重点项目的投融资力度，鼓励各类社会资本参与废旧物资循环利用。落实产融合作推动工业绿色发展专项政策，发挥国家产融合作平台作用。加大政府绿色采购力度，积极采购再生资源产品。（国家发展和改革委员会、财政部、税务总局、商务部、住房和城乡建设部、工业和信息化部按职责分工负责）

（十五）加强行业监督管理。实施废钢铁、废有色金属、废塑料、废纸、废旧轮胎、废旧纺织品、废旧手机、废旧动力电池等废旧物资回收加工利用行业规范管理。加强对再生资源回收加工利用行业的环境监管，推行清洁生产，加强废水、废气等污染物源头管控和规范处理，确保达标排放。依法打击非法拆解处理报废汽车、废弃电器电子产品等行为。严厉打击再生资源回收、二手商品交易中的非法交易、假冒伪劣、诈骗等违法违规行为。加强计算机类、通讯类和消费类电子产品二手交易的信息安全监管，防范用户信息泄露及恶意恢复。（工业和信息化部、商务部、生态环境部、市场监管总局、公安部、国家发展和改革委员会按职责分工负责）

（十六）完善统计体系。健全废旧物资循环利用统计制度，完善统计核算方法。指导行业协会加强行业统计分析，规范发布统计数据。推进企业、行业协会与政府部门数据信息对接。建立并完善再生资源回收重点联系企业制度,及时掌握行业发展情况和发展趋势。（国家发展和改革委员会、商务部、统计局、工业和信息化部、住房和城乡建设部按职责分工负责）

3.《“十四五”循环经济发展规划》

2021年7月，国家发展和改革委员会发布《“十四五”循环经济发展规划》，提出废旧纺织品综合利用相关内容：

二、总体要求

（三）主要目标。到2025年，循环型生产方式全面推行，绿色设计和清洁生产普遍推广，资源综合利用能力显著提升，资源循环型产业体系基本建立。废旧物资回收网络更加完善，再生资源循环利用能力进一步提升，覆盖全社会的资源循环利用体系基本建成。资源利用效率大幅提高，再生资源对原生资源的替代比例进一步提高，循环经济对资源安全的支撑保障作用进一步凸显。

三、重点任务

（二）构建废旧物资循环利用体系，建设资源循环型社会。

1. 完善废旧物资回收网络。将废旧物资回收相关设施纳入国土空间总体规划，保障用地需求，合理布局、规范建设回收网络体系，统筹推进废旧物资回收网点与生活垃圾分类网点“两网融合”。放宽废旧物资回收车辆进城、进小区限制并规范管理，保障合理路权。积极推行“互联网＋回收”模式，实现线上线下协同，提高规范化回收企业对个体经营者的整合能力，进一步提高居民交投废旧物资便利化水平。规范废旧物资回收行业经营秩序，提升行业整体形象与经营管理水平。因地制宜完善乡村回收网络，推动城乡废旧物资回收处理体系一体化发展。支持供销合作社系统依托销售服务网络，开展废旧物资回收。

2. 提升再生资源加工利用水平。推动再生资源规模化、规范化、清洁化利用，促进再生资源产业集聚发展，高水平建设现代化“城市矿产”基地。实施废钢铁、废有色金属、废塑料、废纸、废旧轮胎、废旧手机、废旧动力电池等再生资源回收利用行业规范管理，提升行业规范化水平，促进资源向优势企业集聚。加强废弃电器电子产品、报废机动车、报废船舶、废铅蓄电池等拆解利用企业规范管理和环境监管，加大对违法违规企业整治力度，营造公平的市场竞争环境。加快建立再生原材料推广使用制度，拓展再生原材料市场应用渠道，强化再生资源对战略性矿产资源供给保障能力。

3. 规范发展二手商品市场。完善二手商品流通法规，建立完善车辆、家电、手机等二手商品鉴定、评估、分级等标准，规范二手商品流通秩序和交易行为。鼓励“互联网＋二手”模式发展，强化互联网交易平台管理责任，加强交易行为监管，为二手商品交易提供标准化、规范化服务，鼓励平台企业引入第三方二手商品专业经营商户，提高二手商品交易效率。推动线下实体二手市场规范建设和运营，鼓励建设集中规范的“跳蚤市场”。鼓励在各级学校设置旧书分享角、分享日，促进广大师生旧书交换使用。鼓励社区定期组织二手商品交易活动，促进辖区内居民家庭闲置物品交易和流通。

四、重点工程与行动

（一）城市废旧物资循环利用体系建设工程。以直辖市、省会城市、计划单列市及人口较多的城市为重点，选择约60个城市开展废旧物资循环利用体系建设。统筹布局城市废旧物资回收交投点、中转站、分拣中心建设。在社区、商超、学校、办公场所等设置回收交投点，推广智能回收终端。合理布局中转站，建设功能健全、设施完备、符合安全环保要求的综合型和专业型分拣中心。统筹规划建设再生资源加工利用基地，推进废钢铁、废有色金属、报废机动车、退役光伏组件和风电机组叶片、废旧家电、废旧电池、废旧轮胎、废旧木制品、废旧纺织品、废塑料、废纸、废玻璃、厨余垃圾等城市废弃物分类利用和集中处置，引导再生资源加工利用项目集聚发展。鼓励京津冀、长三角、珠三角、成渝等重点城市群建设区域性再生资源加工利用基地。

（五）循环经济关键技术与装备创新工程。深入实施循环经济关键技术与装备重点专项。围绕典型产品生态设计、重点行业清洁生产、大宗固废综合利用、再生资源高质循环、高端装备再制造等领域，突破一批绿色循环关键共性技术及重大装备；在京津冀、长三角、珠三角等区域，开展循环经济绿色技术体系集成示范，推动形成政产学研用一体化的科技成果转化模式。

4.《产业结构调整指导目录（2024年本）》

2023年12月，国家发展和改革委员会发布《产业结构调整指导目录（2024年本）》，提出废旧纺织品综合利用相关内容：

第一类　鼓励类

二十、纺织

10.麻类生物脱胶技术，无聚乙烯醇（PVA）浆料上浆技术，浆料上高效治理与资源综合利用技术，利用聚酯回收材料生产涤纶工业丝、差别化和功能性涤纶长丝和短纤维、非织造材料等高附加值产品，利用聚酰胺回收材料生产锦纶（PA6）长丝和短纤维技术及应用，利用聚丙烯回收材料生产丙纶（PP）长丝和短纤维技术及应用，利用棉纺织品回收生产的再生纤维素纤维产品，废旧纺织品回收再利用技术、设备的研发和应用。

四十二、环境保护与资源节约综合利用

7.废弃物回收：城市典型废弃物回收网络体系建设（包括规范回收站点、符合国家相关标准要求的绿色分拣中心、交易中心建设），废钢破碎生产线（4000马力以上）、废铜铝破碎分选线（回收率95%以上）、废塑料复合材料回收处理成套装备（回收率95%以上），废旧动力电池回收网络建设。

8.废弃物循环利用：废钢铁、废有色金属、废纸、废橡胶、废玻璃、废塑料、废旧木材以及报废汽车、废弃电器电子产品、废旧船舶、废旧电池、废轮胎、废弃木质材料、废旧农具、废旧纺织品及纺织废料和边角料、废旧光伏组件、废旧风机叶片、废弃油脂等城市典型废弃物循环利用、技术设备开发及应用，废旧动力电池自动化拆解、自动化快速分选成组、电池剩余寿命及一致性评估、有价组分综合回收、梯次利用、再生利用技术装备开发及应用，低值可回收物回收利用，"城市矿产"基地和资源循环利用基地建设，煤矸石、粉煤灰、尾矿（共伴生矿）、冶炼渣、工业副产石膏、赤泥、建筑垃圾等工业废弃物循环利用，农作物秸秆、畜禽粪污、农药包装等农林废弃物循环利用，生物质能技术装备（发电、供热、制油、沼气）。

5.《**促进绿色消费实施方案**》

2022年1月，国家发展和改革委员会、工业和信息化部、住房和城乡建设部、商务部、市场监管总局、国管局、中直管理局发布《促进绿色消费实施方案》，提出废旧纺织品综合利用相关内容：

二、全面促进重点领域消费绿色转型

（五）鼓励推行绿色衣着消费。推广应用绿色纤维制备、高效节能印染、废旧纤维循环利用等装备和技术，提高循环再利用化学纤维等绿色纤维使用比例，提供更多符合绿色低碳要求的服装。推动各类机关、企事业单位、学校等更多采购具有绿色低碳相关认证标识的制服、校服。倡导消费者理性消费，按照实际需要合理、适度购买衣物。规范旧衣公益捐赠，鼓励企业和居民通过慈善组织向有需要的困难群众依法捐赠合适的旧衣物。鼓励单位、小区、服装店等合理布局旧衣回收点，强化再利用。支持开展废旧纺织品服装综合利用示范基地建设。（国家发展和改革委员会、教育部、工业和信息化部、民政部、住房和城乡建设部、商务部、国务院国资委等

部门按职责分工负责）

三、强化绿色消费科技和服务支撑

（十五）拓宽闲置资源共享利用和二手交易渠道。有序发展出行、住宿、货运等领域共享经济，鼓励闲置物品共享交换。积极发展二手车经销业务，推动落实全面取消二手车限迁政策，进一步扩大二手车流通。积极发展家电、消费电子产品和服装等二手交易，优化交易环境。允许有条件的地区在社区周边空闲土地或划定的特定空间有序发展旧货市场，鼓励社区定期组织二手商品交易活动，促进辖区内居民家庭闲置物品交易和流通。规范开展二手商品在线交易，加强信用和监管体系建设，完善交易纠纷解决规则。鼓励二手检测中心、第三方评测实验室等配套发展。（国家发展和改革委员会、公安部、自然资源部、交通运输部、商务部、市场监管总局等部门按职责分工负责）

（十六）构建废旧物资循环利用体系。将废旧物资回收设施、报废机动车回收拆解经营场地等纳入相关规划，保障合理用地需求，统筹推进废旧物资回收网点与生活垃圾分类网点"两网融合"，合理布局、规范建设回收网络体系。放宽废旧物资回收车辆进城、进小区限制并规范管理，保障合理路权。积极推行"互联网＋回收"模式。加强废旧家电、消费电子等耐用消费品回收处理，鼓励家电生产企业开展回收目标责任制行动。因地制宜完善乡村回收网络，推动城乡废旧物资循环利用体系一体化发展。推动再生资源规模化、规范化、清洁化利用，促进再生资源产业集聚发展。加强废弃电器电子产品、报废机动车、报废船舶、废铅蓄电池等拆解利用企业规范管理和环境监管，依法查处违法违规行为。稳步推进"无废城市"建设。（国家发展和改革委员会、工业和信息化部、公安部、自然资源部、生态环境部、住房和城乡建设部、农业农村部、商务部等部门按职责分工负责）

五、完善绿色消费激励约束政策

（二十一）增强财政支持精准性。完善政府绿色采购标准，加大绿色低碳产品采购力度，扩大绿色低碳产品采购范围，提升绿色低碳产品在政府采购中的比例。落实和完善资源综合利用税收优惠政策，更好发挥税收对市场主体绿色低碳发展的促进作用。鼓励有条件的地区对智能家电、绿色建材、节能低碳产品等消费品予以适当补贴或贷款贴息。（国家发展和改革委员会、工业和信息化部、财政部、商务部、税务总局等部门按职责分工负责）

6.《关于加快推进城镇环境基础设施建设的指导意见》

2022 年 1 月，国家发展和改革委员会、生态环境部、住房和城乡建设部、国家卫生健康委发布《关于加快推进城镇环境基础设施建设的指导意见》，提出废旧纺织品综合利用相关内容：

（六）持续推进固体废物处置设施建设。推进工业园区工业固体废物处置及综合利用设施建设，提升处置及综合利用能力。加强建筑垃圾精细化分类及资源化利用，提高建筑垃圾资源化再生利用产品质量，扩大使用范围，规范建筑垃圾收集、贮存、运输、利用、处置行为。健全区域性再生资源回收利用体系，推进废钢铁、废有色金属、报废机动车、退役光伏组件和风电机组叶片、废旧家电、废旧电池、废旧轮胎、废旧木制品、废旧纺织品、废塑料、废纸、废玻璃等废弃物分类利用和集中处置。开展 100 个大宗固体废弃物综合利用示范。

（四）工业和信息化部文件

1.《“十四五”工业绿色发展规划》

2021 年 11 月，工业和信息化部发布《“十四五”工业绿色发展规划》，提出废旧纺织品综合利用相关内容：

三、主要任务

（四）促进资源利用循环化转型

推进再生资源高值化循环利用。培育废钢铁、废有色金属、废塑料、废旧轮胎、废纸、废弃电器电子产品、废旧动力电池、废油、废旧纺织品等主要再生资源循环利用龙头骨干企业，推动资源要素向优势企业集聚，依托优势企业技术装备，推动再生资源高值化利用。统筹用好国内国际两种资源，依托互联网、区块链、大数据等信息化技术，构建国内国际双轨、线上线下并行的再生资源供应链。鼓励建设再生资源高值化利用产业园区，推动企业聚集化、资源循环化、产业高端化发展。统筹布局退役光伏、风力发电装置、海洋工程装备等新兴固废综合利用。积极推广再制造产品，大力发展高端智能再制造。

2.《关于加快推动工业资源综合利用的实施方案》

2022年1月，工业和信息化部、国家发展和改革委员会、科技部、财政部、自然资源部、生态环境部、商务部、国家税务总局发布《关于加快推动工业资源综合利用的实施方案》，提出废旧纺织品综合利用相关内容：

三、再生资源高效循环利用工程

（十）推进再生资源规范化利用。实施废钢铁、废有色金属、废塑料、废旧轮胎、废纸、废旧动力电池、废旧手机等再生资源综合利用行业规范管理。鼓励大型钢铁、有色金属、造纸、塑料聚合加工等企业与再生资源加工企业合作，建设一体化大型废钢铁、废有色金属、废纸、废塑料等绿色加工配送中心。推动再生资源产业集聚发展，鼓励再生资源领域小微企业入园进区。鼓励废旧纺织品、废玻璃等低值再生资源综合利用。推进电器电子、汽车等产品生产者责任延伸试点，鼓励建立生产企业自建、委托建设、合作共建等多方联动的产品规范化回收体系，提升资源综合利用水平。

3.《关于化纤工业高质量发展的指导意见》

2022年4月，工业和信息化部、国家发展和改革委员会发布《关于化纤工业高质量发展的指导意见》，提出废旧纺织品综合利用相关内容：

五、推进绿色低碳转型

（二）提高循环利用水平。实现化学法再生涤纶规模化、低成本生产，推进再生锦纶、再生丙纶、再生氨纶、再生腈纶、再生黏胶纤维、再生高性能纤维等品种的关键技术研发和产业化。推动废旧纺织品高值化利用的关键技术突破和产业化发展，加大对废旧军服、校服、警服、工装等制服的回收利用力度，鼓励相关生产企业建立回收利用体系。

专栏5　绿色制造和循环利用

2. 突破循环利用技术。开展废旧纺织品成分识别及分离研究，提升丙纶、高性能纤维回收利用关键技术，突破涤纶、锦纶化学法再生技术，腈纶、氨纶再生技术，棉/再生纤维素纤维废旧纺织品回收和绿色制浆产业化技术。推进瓶片直纺再生涤纶长丝高品质规模化生产。

4.《关于产业用纺织品行业高质量发展的指导意见》

2022 年 4 月，工业和信息化部、国家发展和改革委员会发布《关于产业用纺织品行业高质量发展的指导意见》，提出废旧纺织品综合利用相关内容：

二、重点任务

（四）坚持绿色发展，提高资源利用效率。

加强废旧纺织品循环利用。提高循环再利用纤维在土工建筑、交通工具、包装、农业等领域应用比例。推广滤袋、绳网等产品回收利用技术，扩大产业用纺织品回收利用量。

5.《循环再利用化学纤维（涤纶）行业规范条件》和《循环再利用化学纤维（涤纶）企业规范公告管理暂行办法》

2021 年 6 月，工业和信息化部发布《循环再利用化学纤维（涤纶）行业规范条件》和《循环再利用化学纤维（涤纶）企业规范公告管理暂行办法》，提出废旧纺织品综合利用相关内容：

为助力绿色低碳发展，促进废旧纺织品、瓶片等废旧物资高质、高效、高值循环利用，推动循环再利用化学纤维（涤纶）行业结构调整和产业升级，实现健康可持续发展，依据国家有关法律、法规和产业政策，按照合理布局、鼓励创新、节约资源、降低消耗、保护环境和安全生产的原则，制定该规范条件和管理暂行办法。

《循环再利用化学纤维（涤纶）行业规范条件》包括企业布局，工艺装备，质量管理，资源消耗，环境保护，安全生产，社会责任，规范管理，附则。《循环再利用化学纤维（涤纶）企业规范公告管理暂行办法》包括总则，申请条件与申请材料，审核和公告，公告企业管理，附则。

（五）财政部文件

1.《资源综合利用产品和劳务增值税优惠目录（2022 年版）》

2021 年 12 月，财政部、国家税务总局发布《资源综合利用产品和劳务增值税优惠目录（2022 年版）》，提出废旧纺织品综合利用相关内容：

《资源综合利用产品和劳务增值税优惠目录（2022 年版）》三、再生资源 3.11 中提出：综合利用的资源名称为“废弃天然纤维及其制品、化学纤维及其制品、多种废弃纤维混合物及其制品”，综合利用产品和劳务名称为“纤维纱及织布、无纺布、毡、黏合剂及再生聚酯产品、浆粕、再生纤维、复合板材、生态修复材料”，技术标准和相关条件为“生产再生聚酯产品原料 100% 来自所列资源；生产其他产品原料 70% 以上来自所列资源。”退税比例为 70%。

2.《资源综合利用企业所得税优惠目录（2021 年版）》

2021 年 12 月，财政部、国家税务总局、国家发展和改革委员会、生态环境部发布《资源综合利用企业所得税优惠目录（2021 年版）》，提出废旧纺织品综合利用相关内容：

《资源综合利用企业所得税优惠目录（2021 年版）》三、再生资源 3.4 中提出：综合利用的资源为“废弃天然纤维、化学纤维、多种废弃纤维混合物及其制品、废弃聚酯瓶及瓶片”，生产的产品为“浆粕、纤维纱及织物、无纺布、毡、黏合剂、再生聚酯及其制品、再生纤维、燃料块、复合板材、生态修复材料、工程塑料等”，技术标准为“生产再生聚酯及其制品的产品原料 100% 来自所列资源；生产其他产品的产品原料 70% 以上来自所列资源。”可享受资源综合利用企业所得税优惠政策。

（六）各地方文件

1.《浙江省循环经济发展“十四五”规划》

2021 年 5 月，浙江省发展和改革委员会发布《浙江省循环经济发展“十四五”规划》，提出废旧纺织品综合利用相关内容：

三、重点任务

（二）完善废旧物资循环利用体系

完善废旧物资回收网络。建立完善回收站点、分拣中心和集散交易市场一体化的废旧物资回收体系，推动废旧物资回收与生活垃圾分类回收“两网融合”。放宽废旧物资回收车辆进城、进小区限制，保障合理路权。大力推广“互联网 +”回收利用模式，推进线上线下分类回收融合发展。鼓励采用预约上门、以旧换新、设置自动回收机等方式回收废旧物资。规范废旧物资回收行业经营秩序，提升行业整体形象和管理水平。

（七）全面推行绿色生活方式

持续促进绿色产品消费。推进统一的绿色产品标准、认证、标识体系建设。建立完善节能家电、节水器具、再生纤维等绿色产品和新能源汽车推广机制，鼓励消费者购置绿色标志产品。拓宽绿色产品流通渠道，支持商场、超市、旅游商品专卖店等流通企业在显著位置开设绿色产品销售专区，利用“互联网 +”等新技术新平台促进绿色消费。完善政府绿色采购制度，结合实施产品品目清单管理，加大绿色产品相关标准在政府采购中的运用。鼓励企业执行绿色采购指南，推动国有企业率先建立健全绿色采购管理制度。推行绿色供应链管理，进一步健全绿色产品市场准入和追溯制度，加快形成安全、便利、诚信的绿色消费环境。到 2025 年，政府采购中绿色采购占同类产品的比例达到 80%。

四、重大工程

（二）城市废旧物资循环利用体系建设工程

合理规划建设回收站点、分拣中心和废品交易市场，支持打造废旧物资回收利用平台，鼓励在住宅小区、商场、超市等场所设置废旧物资便民回收点，推广智能终端回收设备。依托衢州、台州等国家级和海盐等省级资源循环利用基地，推进废钢铁、废有色金属、报废机动车、退役光伏组件、废旧家电、废旧电池、废旧轮胎、废旧木制品、废旧纺织品、废塑料、废纸、废玻璃、餐厨垃圾等城市废弃物分类利用和集中处置，引导再生资源加工利用项目集聚发展，构建完善区域资源循环利用体系。健全废旧农膜、化肥与农药包装、灌溉器材、农机具、渔网等废旧农用物资回收体系，推动区域性废旧农用物资集中处置利用设施建设。以省级资源循环利用示范城市为重点，争创 3～5 个国家废旧物资循环利用体系建设示范城市。

2.《天津市循环经济发展“十四五”规划》

2021 年 6 月，天津市发展和改革委员会发布《天津市循环经济发展“十四五”规划》，提出废旧纺织品综合利用相关内容：

三、构建城市资源循环利用体系

（二）推进再生资源回收利用

加快再生资源加工利用基地建设，推动再生资源规模化、规范化、高值化利用，促进再生资源产业集聚发展，推进子牙经济技术开发区国家“城市矿产”示范基地建设。推进废钢铁、废有色金属、报废汽车、废旧家电、废旧电池、废旧轮胎、废旧纺织品、废塑料、废纸、废玻璃等城市废弃物分类利用和集中处置。鼓励探索废旧动力电池、光伏组件、风电机组叶片、储能系统等新品类废弃物高效回收以及可循环、高值化的再生利用模式，加强对废弃电器电子产品、报废机动车、废旧动力电池（含铅蓄电池）拆解利用企业监督检查，依法查处违法违规行为。鼓励“互联网＋二手”模式发展，强化互联网二手交易平台管理责任，优化服务，提高二手商品交易效率。

八、实施重点专项行动

（一）废旧物资循环利用体系建设行动

健全城市废旧物资回收体系，因地制宜采取固定回收、流动回收、智能回收等多元化方式，在社区、商超、学校、行政办公场所等设置回收交投点，建设具备全面收集、精细分拣的可回收物集散场。推进再生资源加工利用基地建设，布局功能健全、规模适度，配套保障道路管网、水电供应等基础设施，引导区域内再生资源全品类、集聚性加工利用。强化废旧物资数据收集和处理能力建设，利用人工智能、互联网、大数据等现代信息技术手段，推进建立涵盖废旧物资产生量和处理量、点站场实时储存量、收转运车辆等信息在内的再生资源信息平台。强化再生资源企业、城市环卫、社区居民等各主体间的数据连接。鼓励开展二手商品交易平台建设，完善二手商品在线交易体系。鼓励在各级学校设置旧书旧文具分享角、分享日，促进广大师生交换使用。鼓励社区定期组织二手商品交易活动，促进辖区内居民家庭闲置物品交易和流通。

3.《**海南省再生资源回收行业发展规划**（2021—2025）》

2021 年 11 月，海南省商务厅发布《海南省再生资源回收行业发展规划（2021—2025）》，提出废旧纺织品综合利用相关内容：

五、空间布局

（二）布局情况

再生资源绿色分拣中心是支撑再生资源回收体系的核心，具有资源聚集、分拣、加工的功能，同时也是承接生活垃圾可回收物资源化的关键节点。建设再生资源绿色分拣中心，对于完善再生资源回收体系，实现城乡垃圾分类、促进无废城市建设，推动行业规范发展，防止分拣二次污染具有重要作用。

3. 绿色分拣中心

（1）综合型分拣中心

综合型分拣中心分拣能力和用地面积规划设计，以再生资源分拣用地标准和本区域再生资源实际产生量为依据，按照单位面积产能≥ 7.5t/m^2的标准测算土地利用规模。

——海口市综合型分拣中心。以各区现有主要再生资源回收利用状况为基础，结合各区产业发展定位，设置 3 个综合型分拣中心。

美兰区综合型分拣中心。用地约 22 亩，年分拣能力 11 万吨，主要承担包括江东新区在内的工业、生活等产生的废塑料、废旧纺织品、废有色金属等再生资源的分拣。

琼山区综合型分拣中心。琼山区综合型分拣中心与海口再生资源综合利用基地统筹规划建设。用地约 22 亩，年分拣能力 11 万吨，主要承担包括琼山区内的农业、工业、生活等产生的废塑料、废旧纺织品等再生资源的分拣。

六、主要任务

（四）推进低值再生资源应收尽收

研究制定政策指向，对低价值或者市场失灵的再生资源品类进行托底性回收，不断提高重点品种特别是低值再生资源回收率。以垃圾分类为切入点，引导低价再生资源在源头进入回收渠道。各市县应研究制定支持政策，促进主要产品包括回收废旧纺织物、废玻璃、废纸塑铝复合包装等再生资源应收尽收，实现再生资源回收利用品种全覆盖。

（五）加强再生资源交易市场建设

3. 培育旧货交易市场。建立旧货市场体系，是挖掘市场潜力，拉动消费的重要措施。以海口市、三亚市、东方市为试点，以旧家具、旧五金机电、旧家电、旧衣服以及闲置设备为主的旧货交易市场。支持旧货市场建设纳入城市商业网点规划。研究制定支持政策，引导旧货市场发展，打造旧货市场品牌。

4.《关于进一步加强废旧衣物公开募捐活动管理的通知》（江苏省扬州市民政局）

2022年4月，江苏省扬州市民政局发布《关于进一步加强废旧衣物公开募捐活动管理的通知》，提出废旧纺织品综合利用相关内容：

二、开展废旧衣物公开募捐活动专项清理

1. 开展全面排查。各地民政部门要立即组织力量，采取切实有效的措施，对辖区内以“慈善”“公益”等名义开展废旧衣物回收情况进行摸底排查，全面了解掌握设置废旧衣物回收箱的情况，包括设置单位是否为慈善组织，是否取得公开募捐资格（或与具有公开募捐资格的慈善组织合作）、设置废旧衣物回收箱行为是否履行了公开募捐方案备案手续、募捐周期，以及是否依规进行款物管理和相关信息公开等方面的情况，做到底数清、情况明。

2. 分类规范管理。各地民政部门要在开展全面排查的基础上，按照《慈善法》《慈善组织公开募捐管理办法》《慈善组织信息公开办法》《公开募捐违法案件管辖规定（试行）》等规定，分类进行规范整改。对目前已备案的项目，应要求其在回收箱显著位置公布本组织名称、公开募捐资格证书、备案的募捐方案、联系方式、募捐信息查询方法等信息，并严格按照《慈善组织信息公开办法》要求，履行信息公开义务，公开募捐周期超过6个月的，至少每3个月公开一次募得款物情况和已经使用的募得款物的用途，包括用于慈善项目和其他用途的支持情况等，接受社会监督。根据民政部统一部署和要求，要严格限制慈善组织与回收企业合作开展废旧衣物公开募捐活动，不再同意新的废旧衣物公开募捐方案申请或者项目延期申请，引导慈善组织逐步退出废旧衣物回收活动。对不具有公开募捐资格的个人、企业或其他主体以“慈善”“公益”等名义进行公开募捐的，会同相关部门依法进行处理。慈善组织发现冒用本组织名义的，要及时发布公告澄清事实并向当地有关部门反映情况，维护自身合法权益。

5.《关于严格规范“废旧衣物回收”公开募捐活动的通知》（湖南省娄底市民政局）

2022 年 4 月，湖南省娄底市民政局发布《关于严格规范“废旧衣物回收”公开募捐活动的通知》，提出废旧纺织品综合利用相关内容：

一、以公益慈善名义开展旧衣物等废旧物品捐赠回收，属于公开募捐行为。根据慈善法的规定，只有登记或者认定为慈善组织且取得公开募捐资格的社会组织，才能开展公开募捐活动，其他组织或个人不得开展公开募捐活动。

三、具有公开募捐资格的慈善组织开展“废旧衣物回收”公开募捐前，应当严格按照慈善法及相关法规政策要求制定募捐方案，按程序报所登记的民政部门备案，并通过民政部门公布相关信息，接受社会监督。

四、各县市区民政局要加强对“废旧衣物回收”公开募捐项目监管。全面梳理本级慈善组织备案的“废旧衣物回收”公开募捐活动，对目前已备案的项目，应要求其在募集箱显著位置公布本组织名称、公开募捐资格证书、备案的募捐方案、联系方式、募捐信息查询方法等信息；并履行好信息公开义务（如公开募集周期超过六个月的，至少每三个月公开一次募得款物情况和已经使用的募得款物的用途，包括用于慈善项目和其他用途的支出情况等）。引导慈善组织接受服装厂尾货或回收企业符合捐赠条件衣物，尽量避免面向居民开展公开募捐，严格限制与回收企业合作开展“废旧衣物回收”公开募捐。

五、不再同意新的“废旧衣物回收”公开募捐方案申请或者项目延期申请，引导慈善组织逐步退出废旧衣物回收活动。

6.《杭州市废旧物资循环利用体系建设实施方案（2022—2025 年）》

2022 年 9 月，杭州市人民政府发布《杭州市废旧物资循环利用体系建设实施方案（2022—2025 年）》，提出废旧纺织品综合利用相关内容：

三、推进高标准建设，健全回收网络体系

（七）继续完善废旧物资回收网点体系。按照便民、高效原则，因地制宜规范布局回收网点，在居民小区、行政村全面推进标准化回收网点建设，每个居民小区（或1000户家庭左右）、行政村（或2000户家庭左右）确保设置一个营业面积10平方米以上的回收网点；在商场、超市、学校等公共场所推广智能回收箱等设施。加强废弃塑料物、废旧纺织品规范收集设施和可循环快递包装投放、回收设施建设。鼓励有条件的垃圾中转站增设回收贮存设施。持续开展高标准生活垃圾分类示范小区建设。[各区、县（市）政府，市商务局、市城管局、市规划和自然资源局、市邮政管理局、市农业农村局按职责分工负责。以下均需各区、县（市）政府负责，不再列出]

（八）实施分拣中心提升改造计划。以区、县（市）为单位，合理规划分拣中心占地面积、分拣能力、服务半径，鼓励按照相关规范要求，新建、改造提升绿色分拣中心。强化综合型分拣中心安全监测、分拣、打包、储存等功能，鼓励有条件的分类减量综合体设立再生资源分拣中心，有条件的打造为绿色分拣中心。鼓励各区、县（市）根据再生资源品类，因地制宜建设废旧电子产品、废旧纺织品、废弃大件家具等专业型分拣中心。（市商务局、市城管局、市规划和自然资源局、市建委、市城投集团按职责分工负责）

（九）完善废旧物资转运体系。按照“大分流、小分类”基本路径，建立废旧物资与生活垃圾分类、回收、运输相衔接的转运体系。对再生资源回收运输车辆和获得政府采购企业的回收三轮车的管理，按照有关规定执行。（市城管局、市公安局、市商务局按职责分工负责）

（十）建立废旧物资逆向回收体系。鼓励橡胶、化纤、啤酒、家居建材等生产企业通过自主回收、联合回收或委托回收等方式，规范回收废弃产品和包装。强化酒店、商场、超市、餐饮、景区等经营主体管理责任，建立定点定时收运制度，提高废旧物资回收利用率。深化快递业绿色包装试点建设，鼓励快递企业建立快递包装物回收利用体系，推广应用可重复使用中转箱、笼车等设备。（市发改委、市商务局、市城管局、市经信局、市生态环境局、市邮政管理局按职责分工负责）

（十一）提升废旧物资回收规范化水平。制定发布社区回收和各类分拣标准，适时更新发布再生资源回收指导目录，引导回收企业按照下游再生原料、再生产品相关标准要求，提升废旧物资回收环节预处理能力。加强回收网点规范经营管理，落实垃圾分类指导员制度。（市商务局、市城管局、市生态环境局、市发改委按职责分工负责）

四、构建完善产业链，提高资源利用效率

（十二）促进二手商品交易流通。合理规划布局二手车交易市场，支持二手车流通主体品牌化、连锁化经营，进一步推行跨省、市便利交易。鼓励电器电子产品、家电、服装、家具、书籍等零售企业利用现有销售网络和线上交易平台规范开展二手商品交易。支持各区、县（市）利用现有旧货市场建设集中规范的“跳蚤市场”，选择居民区、办公区等场所设置寄卖店、寄卖点。鼓励各级学校设置旧书分享角、分享日，推动旧书交换使用。（市商务局、市市场监管局按职责分工负责）

（十四）培育壮大再生资源市场主体。以连锁经营、授权经营等方式，培育一批规模化、集约化、智能化、品牌化的线上和线下融合的再生资源回收企业。培育一批资源循环利用技术装备和产品制造企业，建立覆盖资源综合利用处理全产业链的市场主体。推动传统废品回收站整治提升，对于符合标准的，引导其成立合资公司，入驻分拣中心。鼓励推进整编闲散回收人员，引导其入驻再生资源回收网点，提供标准化回收服务。（市商务局、市经信局、市城管局、市发展和改革委员会按职责分工负责）

五、强化科技引领，赋能行业创新发展

（十五）推进“互联网＋”回收利用模式。鼓励企业自主开发基于互联网模式的再生资源回收系统，探索回收、置换等多种再生资源回收模式，构建全链条业务信息平台和回收追溯系统，编制公共数据目录，加强全市数据资源系统衔接，整体打造上接回收网络、中接仓储物流、下接利用产业的再生资源数据链。深化余杭区“一键回收”平台建设，探索建立居民“绿色账户”“碳账户”以及积分兑换奖励机制，推动生活垃圾减量、节能减碳。（市商务局、市数据资源局、市市场监管局、市城管局、市发展和改革委员会、市生态环境局按职责分工负责）

7.《南宁市促进废旧物资循环利用工作方案》

2022 年 9 月，南宁市发展和改革委员会、南宁市商务局、南宁市工业和信息化局、南宁市财政局、南宁市自然资源局、南宁市生态环境局、南宁市市政和园林管理局发布《南宁市促进废旧物资循环利用工作方案》，提出废旧纺织品综合利用相关内容：

三、重点工作任务

（一）完善废旧物资回收网络

1. 合理设置回收站点。按照“便于交投、服务规范、保护环境”的标准，结合各县（市、区）、开发区不同特点，综合考虑人口规模、产业结构、消费习惯等因素，合理布局回收交投点和中转站。推进生活垃圾分类网点与废旧物资回收网点“两网融合”，提升回收站点运营管理水平，鼓励标准化、规范化、连锁化经营，加强回收网点环境监控和管理，严格查处回收网点环境违法违规行为，确保整洁卫生和消防安全。支持本地龙头企业通过连锁经营、特许加盟、兼并合作等方式，建立正规化、规范化回收队伍，采用“流动 + 固定”“定时定点 + 预约上门”相结合等方式，建立可回收物回收利用的全产业链条。在南宁市 15 个县（市、区）、开发区统筹布局废旧物资回收网络，以人口较多的县（市、区）、开发区为重点，规划建设废旧物资回收站、中转站、分拣中心，在公共机构、社区、企业等场所设置统一标识的智能回收站，构建市、县、乡镇三级回收网络，推动城乡废旧物资回收处理体系一体化发展。规范南宁市废旧物资回收行业经营秩序，提升行业整体形象与经营管理水平。[市商务局、市政园林局、农业农村局、自然资源局、生态环境局、供销社、机关事务管理局、教育局，县（市、区）人民政府、开发区管委会按职责分工负责，以下均需县（市、区）人民政府、开发区管委会贯彻落实，不再列出]

2. 推进集中分拣。根据“统一布局、合理规划、交通便利、保护环境”的标准，按照国家《再生资源绿色分拣中心建设管理规范》（SB/T 10720—2021）建设再生资源绿色分拣中心，严格落实废水、废气、噪声、防尘、危固废等环境保护和安全生产、产品质量、劳动保护等要求。深入推进综合型分拣中心安全检测、分拣、打包、存储等处置功能，深入推进专业型分拣中心集散、分选、剪切、破碎、清洗、打包、存储等处置功能，重点推进废铝、废钢、废纸、废塑料、废弃电器电子产品等专业型分拣中心建设。不断完善分拣中心集散和分拣功能，提高专业分拣水平，有效衔接再生资源产业，推进废旧物资回收加工一体化发展。到2025年底前，各县（市、区）、开发区至少建设一个可回收物综合型分拣中心，实现精细化分拣和全品类回收。（市商务局、市政园林局、自然资源局、生态环境局、发展和改革委员会按职责分工负责）

3. 创新回收模式。鼓励采取特许经营等方式，授权专业化企业开展废旧物资回收业务，实行规模化、规范化运营。鼓励再生资源回收企业充分利用互联网、物联网、大数据等信息技术，实现资源回收与资源供给无缝连接。推行“互联网＋回收”模式，支持废旧物资网络回收平台发展。支持骨干企业参与二手商品交易市场、分拣中心、综合利用设施建设，实现全产业链发展。鼓励物业保洁员、垃圾分类督导员等人员兼职废旧物资回收工作，街道、乡村流动收购人员由属地负责规范管理。鼓励钢铁、有色金属、造纸、纺织、玻璃等生产企业发展回收、加工、利用一体化模式。（市商务局、市政园林局、发展和改革委员会、工信局、市场监管局、国资委、供销社、南宁市税务局按职责分工负责）

4. 推进区域交易。支持在人口集聚区和产业集聚区，合理布局交易规模大、辐射范围广、产业功能强的市、县级区域废旧物资交易中心，促进固体废弃物处置区域协同。以建设南宁市跨境再生资源产业园为契机，以南宁五象废钢智慧加工及结算中部基地等项目为重点，助力废旧物资交易平台建设，实现信息交换、资金结算、价格形成等交易服务功能，拓展物流、仓储、研发、培训、金融等配套服务功能。（市发展和改革委员会、商务局、工信局、生态环境局按职责分工负责）

（二）促进再生资源综合利用

6. 推进产业集聚。促进再生资源规模化、规范化、高值化利用，整合行业资源，向纵深延伸产业链，提升我市再生资源处置能力。充分把握实施工业振兴战略机遇，积极推动南宁建宁水务集团、广西桂物循环产业集团等现有废旧物资回收企业与太阳纸业、德源冶金、潮力铝业、广西建工集团等制造业龙头企业，以及大型二手商品交易市场等市场主体的合作，拓展全市废五金、废塑料、废电器电子产品、废汽车等再生资源的加工处理广度和加工工艺深度。推进环境、能源等基础设施共建共享，有效衔接再生资源产业，推进废旧物资回收、分拣、加工一体化发展。围绕南宁市锂电池回收再造、再生铝、再生铜、再生钢铁、废纸、汽车拆解等绿色循环产业，积极打造南宁跨境再生资源产业园，在再制造、废旧动力电池梯次利用、废钢铁、废有色金属再生利用等重点领域发挥示范引领作用，培育废旧物资综合利用示范企业，助力我市废旧物资循环利用体系重点城市建设。严格落实再生资源跨省转运环境安全监管，指导跨省转运再生资源类固体废弃物的企业做好跨省运输备案。（市发展和改革委员会、工信局、市政园林局、生态环境局、商务局按职责分工负责）

7. 支持低值可回收物回收处理。支持企业规模化回收处理废玻璃、废木材、废泡沫、废轮胎等低值可回收物。出台低值可回收和再生利用制度文件，发布低值可回收物目录，按照先易后难、应收尽收的原则，建立低值可回收物收集、运输、处理体系，与生活垃圾、建筑垃圾分类收运体系互为补充、有效衔接。鼓励政府通过购买公共服务、资金补贴、特许经营、政府与社会资本合作等方式引导社会力量进入低值可回收物回收市场，完善末端处置设施。科学评估将低值可回收物纳入废旧物资回收指导目录。加快健全协同处置的市场化收费运行机制，推动低值可回收物与大件垃圾的协同回收处理，统筹推进低值可回收物与高值可回收物的资源化利用。鼓励科研机构、高校、企业开展低值可回收物回收技术及设备的研究开发。（市发展和改革委员会、商务局、财政局、科技局按职责分工负责）

9. 推动规范发展二手商品市场。支持线下实体二手市场规范建设和运营，鼓励有条件的县（市、区）、开发区建设线下实体的车辆、家电、手机、家具、服装等二手商品交易市场和交易专区，鼓励建设集中规范的“跳蚤市场”。鼓励“互联网 + 二手”模式发展，引导二手商品交易平台企业健全规范交易规则，支持互联网交易平台企业引入二手商品专业经营商户，提高二手商品交易效率。鼓励社区、院校通过设置寄售点、交换角等方式开展二手商品交易活动。加强对二手商品交易的市场监管，规范二手商品流通秩序和交易行为。严厉打击二手商品交易活动中销售属于侵犯知识产权或假冒伪劣产品以及非法交易、假冒伪劣、诈骗等违法违规行为，加强通过部门官网、“两法衔接”平台等互联网渠道推送有关执法行动工作动态和典型案件信息，形成良好的社会舆论氛围、引导企业合规经营。加强二手交易过程中的信息安全监管。推动二手商品交易诚信体系建设。（市商务局、发展和改革委员会、市场监管局、公安局、工信局、自然资源局、市政园林局按职责分工负责）

8.**《绍兴市全域“无废城市”建设实施方案（2022—2025年）》**

2022年10月，绍兴市人民政府办公室发布《绍兴市全域“无废城市”建设实施方案（2022—2025年）》，提出废旧纺织品综合利用相关内容：

3. 构建循环利用体系

强化集团公司内部固体废物资源化利用，以行业龙头企业为代表，努力打造“无废集团”。

牵头单位：市生态环境局、市经信局

结合工业领域减污降碳要求，推动电力、钢铁、有色、石化、化工、纺织和造纸等重点行业绿色化升级改造，全面推行清洁生产和产品绿色设计，引导企业使用环境友好型原料和再生原料，提高源头替代使用比例，支持固体废物减量化工艺改造,协同“绿色低碳工厂”“绿色低碳园区”“生态园区”“无废工厂”“无废集团”“无废园区”建设，完善绿色制造体系，打造绿色供应链，充分发挥减耗降碳协同作用。

牵头单位：市经信局、市生态环境局，配合单位：市发改委、市科技局

13. 完善再生资源回收网络体系

合理布局城镇回收网点、分拣中心和交易市场，2022年底前，区、县（市）各建成1座及以上再生资源标准化分拣中心，着力培育一批规模大、技术强、装备优的再生资源回收龙头骨干企业。

牵头单位：市商务局、市供销总社

探索建立一般工业固体废物、生活垃圾和再生资源收运“三网融合”模式。

牵头单位：市生态环境局、市综合执法局、市商务局、市供销总社

15. 打造工业固体废物循环利用体系

初步建立废旧纺织品循环利用体系。

牵头单位：市发改委，配合单位：市经信局、市商务局、市供销总社

9.《淄博市“无废城市”建设实施方案》

2022年10月，淄博市人民政府发布《淄博市“无废城市”建设实施方案》，提出废旧纺织品综合利用相关内容：

二、主要任务

（四）践行绿色生活方式，推进生活源固体废物回收利用

1. 大力推广绿色生活方式

鼓励二手商品再利用。支持线下实体二手市场规范建设和运营，鼓励建设集中规范的“跳蚤市场”。鼓励社区定期组织二手商品交易活动，促进家庭闲置物品的交易和流通。倡导合理消费，鼓励居民参与车辆、家电、手机、家具、服装、书籍等二手商品交易，促进二手商品再利用。（市商务局牵头，市自然资源和规划局、市住房和城乡建设局配合）

开展“无废细胞”建设活动。以商场、旅游景区、饭店、社区、学校、机关企事业单位为基点，建设“无废细胞”。通过对标组织管理、循环经济、生态维护、固体废物管理、环境污染防治等标准，采取生活垃圾强制分类、固体废物源头减量、资源化利用等举措，从衣、食、住、行等生活方面入手，形成各类固体废物减量化、资源化、无害化综合管理模式。（市“无废城市”建设工作领导小组办公室牵头，市商务局、市文化和旅游局、市住房和城乡建设局、市城市管理局、市教育局、市机关事务局等部门配合）

3. 积极构建废旧物资循环利用体系

健全废旧物资回收网络。积极推进再生资源回收，建立企业主导、政府引导的再生资源回收体系，逐步完善社区回收点、街道中转站、区县绿色分拣中心三级回收网络。依托再生资源回收企业“互联网 + 回收”模式，推进生活垃圾可回收物利用，以方便居民为原则，在具备条件的居民小区（或1000户家庭左右）、行政村（或2000户家庭左右）设置回收网点；引导各区县根据《再生资源绿色分拣中心建设管理规范》规划建设专业性、综合性再生资源分拣中心，与回收站（点）有效衔接。（市商务局牵头，

市发展和改革委员会、市城市管理局配合）

着力培育再生资源回收骨干企业。鼓励区县采取特许经营等方式，授权专业化企业开展特定废旧物资回收业务，实行规模化、规范化运营。引导再生资源回收企业按照下游再生原料、再生产品相关标准要求，提升废旧物资回收环节预处理能力。培育多元化回收主体，鼓励各类市场主体参与废旧物资回收体系建设；积极推动回收企业与物业企业、环卫单位、利用企业等单位建立长效合作机制，畅通回收利用渠道，形成规范有序的产业链条；鼓励钢铁、有色金属、造纸、纺织、玻璃、家电等生产企业发展回收、加工、利用一体化模式。（市商务局牵头，市生态环境局配合）

提升废旧物资回收行业信息化水平。推进再生资源回收升级，有序推进“互联网＋再生资源回收”业务模式，培育线上和线下再生资源回收试点企业，应用互联网信息技术创新回收模式。发展平台经济，合理调配利用资源，加快形成再生资源区域循环共享再利用。鼓励区县结合实际，引进技术设备先进、运营服务效率高的智能型回收设施企业，参与再生资源回收体系建设。（市商务局牵头，市城市管理局配合）

4. 提升生活源固体废物资源化利用水平

推进再生资源回收规范利用。培育或引进再生资源回收骨干企业或与先进再生资源回收利用企业加强合作，促进回收与利用的有效衔接。（市商务局牵头，市生态环境局、市统计局配合）

10.《广东省循环经济发展实施方案（2022—2025 年）》

2022 年 10 月，广东省发展和改革委员会发布《广东省循环经济发展实施方案（2022—2025 年）》，提出废旧纺织品综合利用相关内容：

三、重点任务

（二）完善废旧物资循环利用体系

6. 完善废旧物资回收网络。推动将废旧物资回收相关设施纳入国土空间规划，保障用地需求，合理布局、规范建设回收网络体系，统筹推进废旧物资回收网点与生活垃圾分类网点“两网融合”。放宽废旧物资回收车辆进城、进小区限制并规范管理，保障合理路权。积极推行“互联网＋回收”模式，实现线上线下协同，提高规范化回收企业对个体经营者的整合能力，进一步提高居民交投废旧物资便利化水平。规范废旧物资回收行业经营秩序，鼓励标准化、规范化、连锁化经营，提升行业整体形象与经营管理水平。因地制宜完善乡村回收网络，推动城乡废旧物资回收处理体系一体化发展。支持供销合作社系统依托销售服务网络，开展废旧物资回收。（省商务厅、发展和改革委员会、公安厅、自然资源厅、住房和城乡建设厅、交通运输厅、农业农村厅、供销社等按职责分工负责）

7. 提升再生资源加工利用水平。积极培育再生资源回收利用主体，推动再生资源产业集聚发展，促进再生资源规范化、规模化、高值化、清洁化利用。实施废钢铁、废有色金属、废塑料、废纸、废旧轮胎、废旧手机、废旧动力电池等再生资源回收利用行业规范管理，提升行业规范化水平，促进资源向优势企业集聚。加强废弃电器电子产品、报废机动车、报废船舶、废铅蓄电池等拆解利用企业规范管理和环境监管，加大对违法违规企业整治力度，营造公平的市场竞争环境。加快建立再生原材料推广使用制度，拓展再生原材料市场应用渠道，强化再生资源对战略性矿产资源供给保障能力。落实再生资源分级质控和标识制度，推广资源再生产品和原料。（省工业和信息化厅、发展和改革委员会、生态环境厅、商务厅等按职责分工负责）

8. 规范发展二手商品市场。加强对二手商品经营企业、经营行为和市场秩序的监督管理，推广二手商品鉴定分级、市场经营管理等国家标准和行业标准，规范二手商品流通秩序和交易行为。鼓励“互联网 + 二手”模式发展，强化互联网交易平台管理责任，加强交易行为监管，为二手商品交易提供标准化、规范化服务。鼓励平台企业引入第三方二手商品专业经营商户，提高二手商品交易效率。推动线下实体二手市场规范建设和运营，鼓励建设集中规范的“跳蚤市场”。鼓励在各级学校设置旧书分享角、分享日，促进广大师生旧书交换使用。鼓励社区定期组织二手商品交易活动，促进辖区内居民家庭闲置物品交易和流通。（省商务厅、教育厅、住房和城乡建设厅、市场监管局等按职责分工负责）

四、专项行动

（二）废旧物资循环利用体系建设行动

合理规划建设回收站点、分拣中心和废品交易市场，支持打造废旧物资回收利用平台，鼓励在住宅小区、商场、超市等场所设置废旧物资便民回收点，推广智能终端回收设备。依托韶关、云浮等大宗固体废物综合利用示范基地和工业固体废物综合利用基地，推进废钢铁、废有色金属、报废机动车、退役光伏组件、废旧家电、废旧电池、废旧轮胎、废旧木制品、废旧纺织品、废塑料、废纸、废玻璃、餐厨垃圾等城市废弃物分类利用和集中处置，引导再生资源加工利用项目集聚发展，构建完善区域资源循环利用体系。加快推进广州、深圳、佛山废旧物资循环利用体系建设重点城市建设。（省发展和改革委员会、工业和信息化厅、商务厅、农业农村厅等按职责分工负责）

11.《**滨州市“十四五”时期“无废城市”建设实施方案**》

2022年11月，滨州市人民政府发布《滨州市“十四五”时期“无废城市”建设实施方案》，提出废旧纺织品综合利用相关内容：

三、建设任务

（四）践行绿色低碳生活方式，强化固体废物管理手段

2. 发展再生资源产业

立足特色产业完善循环产业链。加强“散乱污”再生资源作坊式企业源头管控，淘汰以损害环境为代价的粗放式回收利用产能，着力培育再生资源龙头企业，促进行业企业规范化、规模化发展，进一步提升产业集中度，提高企业核心竞争力。

逐步构建两网融合模式。推进再生资源回收体系与生活垃圾回收体系建立健全，突破两个网络有效协同发展不配套短板，推进再生资源回收与生活垃圾分类相关设施、场所共享共用。引导农贸市场、商超等商业体配套建设集生活垃圾分类与废旧物资回收于一体的多功能公共配套设施。推广“互联网＋回收”智慧回收方式，引导、鼓励再生资源回收利用企业规范管理回收车队，采取预约上门的回收方式回收废纸、废塑料、废金属、废玻璃等再生资源，实现生活垃圾末端处理减量化和再生资源回收增量化。加大低值固体废物资源化利用投入，推动低值可回收物的回收和再生利用，在先进示范居民小区、公共机构及工业园区投放废纸、废玻璃、废塑料等品类细化的低值固体废物回收设施，进一步提高前端分类准确率和回收质

量。统筹规划建设可回收物集散场地和分拣处理中心，支持居民小区设置废旧家具等大件垃圾临时存放场所。

12.《贵州省促进绿色消费实施方案》

2022 年 11 月，贵州省发展和改革委员会、贵州省工业和信息化厅、贵州省住房和城乡建设厅、贵州省商务厅、贵州省市场监督管理局、贵州省机关事务管理局发布《贵州省促进绿色消费实施方案》，提出废旧纺织品综合利用相关内容：

三、重点任务

（二）鼓励推行绿色衣着消费

1. 推动完善绿色纤维及其深加工产业链，推广应用生物基纤维及再生纤维规模化制备、节水节能印染、废旧纺织品循环利用等装备和技术，提高循环再利用化学纤维等绿色纤维使用比例，鼓励发展绿色服装设计和制造产业，提升绿色低碳服装供给能力。鼓励服装生产企业申报废旧纺织品服装综合利用示范基地，加强废旧纺织品定向回收、梯级利用和规范化处理。

2. 全面推动各类机关、企事业单位等采购具有绿色低碳相关认证标识的制服。

3. 规范旧衣物公益捐赠，鼓励企业和居民通过慈善组织向有需要的困难群众依法捐赠合适的旧衣物。鼓励具备资质的机构和组织合理布局设置旧衣回收网点、专用回收箱或相关设施，积极发展在线回收、一袋式上门回收等新型回收模式。

13.《银川市“十四五”时期“无废城市”建设实施方案》

2022 年 11 月，银川市人民政府办公室发布《银川市“十四五”时期“无废城市”建设实施方案》，提出废旧纺织品综合利用相关内容：

二、主要措施

（二）加快工业绿色低碳发展，降低工业固废处置压力

3. 大力发展生态工业。推动主导产业生态化改造。加快传统产业绿色改造，推动承接生态纺织产业转移示范区建设，打造国家级高效生态纺织产业基地。打造生态产业链条，促进绿色制造和产品供给，在化工、冶金、建材、纺织、装备制造等重点领域，开展绿色工厂创建。

14.《**唐山市废旧物资循环利用体系建设实施方案**》

2022 年 11 月，唐山市人民政府发布《唐山市废旧物资循环利用体系建设实施方案》，提出废旧纺织品综合利用相关内容：

四、主要任务

（二）延伸回收触角，构建具有唐山特色的废旧物资循环利用回收网络

培育一批骨干回收加工企业。认真落实国家《关于加快推进废旧纺织品循环利用的实施意见》（发改环资〔2022〕526 号），织密织牢回收网络，大力提升废旧纺织品回收加工能力。鼓励废旧物资回收企业采用连锁经营方式发展直营或加盟回收站点。支持具备资源优势和经营实力的废旧物资回收企业采取跨区域合作、兼并重组和建立产业联盟等方式，整合回收资源，完善回收网络，扩大规模经营。（责任单位：市发展和改革委员会、市商务局、市工业和信息化局、市供销社）

（六）完善管理制度，进一步丰富二手商品交易渠道

鼓励“闲鱼”“拍拍”“爱回收”“58 同城”等“互联网 + 二手”模式在唐山发展，促进二手商品网络交易平台规范经营，提高二手商品交易效率。支持冀东综合性旧货交易市场、吉祥兴唐二手车等线下实体二手市场规范建设和经营，引进河南易货商家在唐山建设易货交易平台和集中规范的“跳蚤市场”。县（市、区）要根据发展需要，建设集中规范的机动车、家电、手机、家具、服装等二手商品交易市场和交易专区。鼓励支持社区建设二手商品专卖店、寄卖点，定期组织二手商品交易活动，促进居民家庭闲置物品交易和流通。鼓励各类学校设置旧书分享角、分享日，促进广大师生旧书交换使用。（责任单位：市商务局、市自然资源和规划局、市住房和城乡建设局、市市场监督管理局）

进一步完善二手商品交易管理制度。建立健全二手商品交易规则，明确相关市场主体权利义务。推动二手商品交易诚信体系建设，加强交易平台、销售者、消费者、从业人员信用信息共享。分品类完善二手商品鉴定、评估、分级等标准体系。完善二手商品评估鉴定行业人才培养和管理机制，培育权威的第三方鉴定评估机构。推动落实取消二手车限迁政策。（责任单位：市商务局、市发展和改革委员会、市市场监督管理局、市公安局）

15.《安顺市“十四五”时期“无废城市”建设工作方案》

2022 年 11 月，安顺市人民政府办公室发布《安顺市“十四五”时期“无废城市”建设工作方案》，提出废旧纺织品综合利用相关内容（表 4–1）。

表 4–1 安顺市“十四五”时期“无废城市”建设工作任务表

序号	类别	工作目标	工作内容	牵头单位	责任单位	完成时限
225	延伸再生资源产业链条，提升再生资源综合利用能力	延伸上下游产业链条，加强厨余垃圾资源化利用能力	延伸再生资源产业链条，提升再生资源综合利用能力。生活垃圾精细分类，加强高值可回收物利用能力。根据生活垃圾分类后可回收物数量、种类等情况，综合考虑环保要求、技术水平、区域协作等因素，推动建设一批技术水平高、示范性强的可回收物资源化利用项目，提升可回收物资源化利用率。对废纸张、废塑料、废玻璃制品、废金属、废织物等适宜回收、可循环利用的高值可回收物提前精细分类	市住房和城乡建设局	市发展和改革委员会、市商务局、市农业农村局，各县（区）政府（管委会）等	2025 年

二、2020—2022 年标准规范制修订情况

（一）国家标准

1.《废旧纺织品分类与代码》

中国标准化研究院、中国循环经济协会等机构制定了《废旧纺织品分类与代码》（GB/T 38923—2020），该标准规定了废旧纺织品的分类分级方法、编码规则和代码结构、分类及代码、分级与质量要求、试验方法和检验规则。适用于废旧纺织品的收集、分拣、加工和再利用等过程，不适用于包括医疗废物在内的危险废物的废旧纺织品。该标准为废旧纺织品回收管理和分类利用提供技术支撑。

2.《废旧纺织品回收技术规范》

中国标准化研究院、中国循环经济协会等机构制定了《废旧纺织品回收技术规范》(GB/T 38926—2020),该标准规定了废旧纺织品回收的总体要求、收集、分拣、贮存、运输和环境保护要求。适用于废旧纺织品的收集、分拣、运输与贮存等过程,不适用于包括医疗废物在内的危险废物的废旧纺织品。该标准为规范废旧纺织品收集分拣过程、促进废旧纺织品高值化利用提供技术支撑。

3.《废旧纺织品再生利用技术规范》

中国标准化研究院、中国循环经济协会等机构制定了《废旧纺织品再生利用技术规范》(GB/T 39781—2021),该标准规定了废旧纺织品再生利用的总体要求、前处理、再生利用和环境保护要求。该标准适用于废旧纺织品的再生利用,为废旧纺织品再生利用过程中质量提升和环境保护提供技术支撑。

4.《循环再利用聚酯(PET)纤维鉴别方法》

上海市纺织工业技术监督所牵头制定了《循环再利用聚酯(PET)纤维鉴别方法》(GB/T 39026—2020),该标准规定了循环再利用聚酯(PET)纤维的鉴别方法,适用于本色、有色再生涤纶,其他功能性再生涤纶可参照使用。循环再利用聚酯(PET)纤维指废旧聚酯(PET)聚合物和废旧聚酯(PET)纺织材料等经回收后加工制成的聚对苯二甲酸乙二醇酯纤维。

废旧纺织品回收利用相关国家标准见表 4-2。

表 4-2 废旧纺织品回收利用相关国家标准

序号	标准名称	标准编号	归口单位	实施时间
1	《絮用纤维制品通用技术要求》	GB 18383—2007	中国纤维检验局	2007-05-01
2	《再加工纤维基本安全技术要求》	GB/T 32479—2016	全国纤维标准化技术委员会(SAC/TC 513)	2016-09-01
3	《废旧纺织品分类与代码》	GB/T 38923—2020	全国产品回收利用基础与管理标准化技术委员会(SAC/TC 415)	2020-12-01

续表

序号	标准名称	标准编号	归口单位	实施时间
4	《废旧纺织品回收技术规范》	GB/T 38926—2020	全国产品回收利用基础与管理标准化技术委员会（SAC/TC 415）	2020-12-01
5	《废旧纺织品再生利用技术规范》	GB/T 39781—2021	全国产品回收利用基础与管理标准化技术委员会（SAC/TC 415）	2021-10-01
6	《循环再利用聚酯（PET）纤维鉴别方法》	GB/T 39026—2020	中国纺织工业联合会	2021-02-01

（二）行业标准

1.《废旧纺织品再加工纤维淘金毡》

工业和信息化部发布了《废旧纺织品再加工纤维淘金毡》（FZ/T 64090—2022），该标准规定了废旧纺织品再加工纤维淘金毡的术语和定义、产品规格标识、要求、试验方法、检验规则、标志、包装、运输和储存。该标准适用于以废旧纺织品再加工短纤维为主要原料，与其他化学短纤维混合，通过针刺工艺制成的淘金毡。以其他废旧纺织品原材料通过针刺或其他工艺制成的淘金毡可参照执行。

2.《废旧纺织品再生托盘》

工业和信息化部发布了《废旧纺织品再生托盘》（FZ/T 64094—2022），该标准规定了废旧纺织品再生托盘的术语和定义、要求、试验方法、检验规则、标志、运输和贮存。该标准适用于以废旧纺织品布块和再加工短纤维为主要原料生产的平面尺寸为 1100mm × 1100mm 和 1200mm × 1000mm 的再生单面托盘。其他平面尺寸托盘的设计和生产可参考使用。

3.《再生资源绿色分拣中心建设管理规范》

商务部发布了《再生资源绿色分拣中心建设管理规范》（SB/T 10720—2021），代替 SB/T 10720—2012。该标准规定了再生资源绿色分拣中心的分类、建设、基础设施、环保、安全、产品质量、管理和绿色绩效指标等要求。该标准适用于废钢铁、废纸、废塑料、废有色金属、废橡胶、废玻璃、废旧纺织品、废弃大件家具、废木材、废弃电子产品等生活及生产源再生资源分拣中心的设立、建设和经营管理，其他品类可参照执行。本次修订的主要目的是满足当前生态文明建设对再生资源回收加工行业功能定位提出的新要求，增加分拣中心对城市低值可回收物分拣的处置功能，进一步严格建设和加工过程中的安全、环保、质量管理规范。

4.《绿色设计产品评价技术规范　再生涤纶》

工业和信息化部发布了《绿色设计产品评价技术规范　再生涤纶》（FZ/T 07015—2021），该标准规定了再生涤纶生命周期绿色设计评价的术语和定义、评价要求、绿色设计产品自评价报告编写要求、产品生命周期评价报告编写要求、绿色设计产品判定依据。该标准适用于以物理法与化学法两种工艺生产的再生涤纶产品绿色设计评价，包括以废旧聚酯（PET）及其制品为原料加工成的再生聚酯瓶片、泡料、切片以及其他形状的初级颗粒；再生聚酯涤纶长丝（包括预取向丝、全拉伸丝、拉伸变形丝）、短纤维（包括二维、三维、棉型、毛型）。

废旧纺织品回收利用相关行业标准见表 4-3。

表 4-3　废旧纺织品回收利用相关行业标准

序号	标准名称	标准编号	归口单位	实施时间
1	《废旧纺织品再加工　短纤维》	FZ/T 07002—2018	中国纺织工业联合会	2019-07-01
2	《废旧纺织品再加工　纤维淘金毡》	FZ/T 64090—2022	全国纺织品标准化技术委员会产业用纺织品分技术委员会（SAC/TC 209/SC 7）	2022-10-01
3	《废旧纺织品再生托盘》	FZ/T 64094—2022	全国纺织品标准化技术委员会产业用纺织品分技术委员会（SAC/TC 209/SC 7）	2022-10-01
4	《再生资源绿色分拣中心建设管理规范》	SB/T 10720—2021	中华人民共和国商务部	2021-05-01
5	《绿色设计产品评价技术规范　再生涤纶》	FZ/T 07015—2021	中国纺织工业联合会标准化技术委员会	2022-02-01
6	《纤维级再生聚酯切片（PET）》	FZ/T 51013—2016	上海市纺织工业技术监督所	2016-09-01

（三）团体标准

1.《生态修复用废旧纺织品再生制品》

中国循环经济协会发布了《生态修复用废旧纺织品再生制品》（T/CACE 069—2022），该标准规定了生态用废旧纺织品再生制品的术语和定义、技术要求、试验方法、检验规则，以及包装、标识、运输和贮存等方面的内容，适用于以废旧纺织品为主要原料生产的生态工程用再生制品，包括但不限于植生毯（袋）及生态工程用土工布等。

2.《二手纺织服装流通技术规范》

中国旧货业协会发布了《二手纺织服装流通技术规范》（T/CRGTA 009—2021），该标准规定了二手纺织服装的术语和定义、整理、质量和卫生、标识和挂签、销售等要求，适用于从事二手纺织服装整理和销售的机构。

3.《绿色设计产品评价技术规范　再生涤纶》

中国纺织工业联合会发布了《绿色设计产品评价技术规范　再生涤纶》（T/CNTAC 52—2020），该标准规定了再生涤纶生命周期绿色设计评价的术语和定义、评价要求、绿色设计产品自评价报告编写要求、产品生命周期评价报告编写要求、绿色设计产品判定依据。该标准适用于以物理法与化学法两种工艺生产的再生涤纶产品绿色设计评价，包括以废旧聚酯（PET）及其制品为原料加工成的再生聚酯瓶片、泡料、切片以及其他形状的初级颗粒；再生聚酯涤纶长丝（包括预取向丝、全拉伸丝、拉伸变形丝）、短纤维（包括二维、三维、棉型、毛型）。

4.《可回收物回收体系建设规范》

中国再生资源回收利用协会发布了《可回收物回收体系建设规范》（T/ZGZS 0104—2021），该标准规定了可回收物回收体系的一般要求、交投点、中转站、分拣中心的建设与管理要求、信息管理、运输和标识要求。该标准适用于可回收物回收体系的建设，可回收物主要包括废纸、废塑料、废金属、废玻璃、废织物、废电器电子产品、废弃包装物等类别。

废旧纺织品回收利用相关团体标准见表4-4。

表 4-4　废旧纺织品回收利用相关团体标准

序号	标准名称	标准编号	归口单位	实施时间
1	《废旧纺织品回收利用规范》	T/CACE 012—2019	中国循环经济协会	2019-10-09
2	《二手服装消毒工艺规范》	T/CACE 013—2019	中国循环经济协会	2019-10-09
3	《再生棉纱线（环锭纺）》	T/CACE 014—2019	中国循环经济协会	2019-10-09
4	《再生棉纱线（气流纺）》	T/CACE 015—2019	中国循环经济协会	2019-10-09
5	《再生涤棉混纺纱线（气流纺）》	T/CACE 016—2019	中国循环经济协会	2019-10-09
6	《生态修复用废旧纺织品再生制品》	T/CACE 069—2022	中国循环经济协会	2022-12-28
7	《二手纺织服装流通技术规范》	T/CRGTA 009—2021	中国旧货业协会	2021-09-20
8	《生活垃圾分类体系建设居民废旧纺织品回收利用规范》	T/SACE 003—2018	山东省循环经济协会	2019-06-11
9	《捐赠用纺织品通用技术要求》	T/CNTAC 6—2018	中国纺织工业联合会标准化技术委员会	2018-01-02
10	《绿色设计产品评价技术规范 再生涤纶》	T/CNTAC 52—2020	中国纺织工业联合会标准化技术委员会	2020-01-06
11	《可回收物回收体系建设规范》	T/ZGZS 0104—2021	中国再生资源回收利用协会	2021-12-10
12	《循环再利用聚酯（PET）纤维鉴别方法》	T/CCFA 00005—2016	中国化学纤维工业协会标准化技术委员会	2016-03-01
13	《循环再利用化学纤维（涤纶）行业绿色采购规范》	T/CCFA 00006—2016	中国化学纤维工业协会标准化技术委员会	2016-10-01
14	《化学法循环再利用涤纶低弹丝》	T/ZZB 0499—2018	浙江省品牌建设联合会	2018-09-30

（四）地方标准

郑州市市场监督管理局发布了《捐赠用纺织品回收技术规范》（DB4101/T 30—2022），该标准规定了捐赠用纺织品回收的基本要求以及收集、分拣、洗涤和专业消毒、包装和贮存要求。该标准适用于捐赠用纺织品的回收及处理，不适用于捐赠用婴幼儿纺织产品的回收及处理。

废旧纺织品回收利用相关地方标准见表 4-5。

表 4-5 废旧纺织品回收利用相关地方标准

序号	标准名称	标准编号	归口单位	实施时间
1	《废旧织物回收及综合利用规范》	SZDB/Z 326—2018	深圳市城市管理局	2018-11-01
2	《再加工纤维制品通用安全技术要求》	DB33/ 706—2008	浙江省纤维检验局	2008-11-26
3	《再加工纤维制品通用技术要求》	DB35/T 982—2010	福建省经济贸易委员会	2010-03-20
4	《再加工纤维制品通用安全技术要求》	DB37/T 1761—2010	山东省质量技术监督局	2011-03-01
5	《捐赠用纺织品回收技术规范》	DB4101/T 30—2022	郑州市工业和信息化局	2022-10-06

三、2020—2022 年试点示范建设情况

（一）国家发展和改革委员会废旧物资循环利用体系建设重点城市情况

2022 年 1 月，国家发展和改革委员会办公厅、商务部办公厅、工业和信息化部办公厅、财政部办公厅、自然资源部办公厅、生态环境部办公厅、住房和城乡建设部办公厅联合发布《关于组织开展废旧物资循环利用体系示范城市建设的通知》，决定组织开展 60 个左右废旧物资循环利用体系示范城市建设。示范城市范围为直辖市、省会城市、计划单列市，以及部分常住人口数量较多、经济发展水平较高的大中城市，共 60 个左右。建设时间为 2022 年至 2025 年。

建设主要内容：围绕《指导意见》有关要求，重点做好以下四方面工作：一是完善废旧物资回收网络，合理布局废旧物资回收站点，加强废旧物资分拣中心规范建设，因地制宜新建和改造提升绿色分拣中心，加强重点联系企业制度建设，培育一批骨干回收企业，推动废旧物资回收专业化和规范化，提升废旧物资回收行业信息化水平。二是提升再生资源加工利用水

平，推动再生资源加工利用产业集聚化发展，提高再生资源加工利用技术水平。三是推动二手商品交易和再制造产业发展，丰富二手商品交易渠道，完善二手商品交易管理制度，因地制宜推进再制造产业高质量发展。四是完善废旧物资循环利用政策保障体系，加强土地等要素保障，加大投资金融政策支持，加强行业监督管理。

建设目标：到2025年，60个左右大中城市率先建成基本完善的废旧物资循环利用体系，对全国形成示范引领效应。示范城市基本建成交投便利、转运畅通的废旧物资回收网络，实现回收网络城区全部覆盖、农村地区基本覆盖，回收主体更加专业化、多元化、市场化，回收模式更加规范高效。再生资源加工利用产业实现集聚化发展，规模化、规范化、清洁化水平显著提升。废钢铁、废铜、废铝、废铅、废锌、废纸、废塑料、废橡胶、废玻璃等主要再生资源品种回收加工利用水平国内领先。城乡居民二手商品交易渠道和形式更加丰富，二手交易更加规范便利。废旧物资循环利用保障体系更加完善，监管政策更加有效。

2022年7月，国家发展和改革委员会办公厅、商务部办公厅、工业和信息化部办公厅、财政部办公厅、自然资源部办公厅、生态环境部办公厅、住房和城乡建设部办公厅联合发布《关于印发废旧物资循环利用体系建设重点城市名单的通知》（以下简称《通知》），确定北京市等60个城市为废旧物资循环利用体系建设重点城市。《通知》还提出各城市要健全废旧物资回收网络体系，因地制宜提升再生资源分拣加工利用水平，推动二手商品交易和再制造产业发展。重点建设规模化、网络化、智能化的规范回收站点和符合国家及地方相关标准要求的绿色分拣中心、交易中心，并将塑料废弃物、废旧纺织品规范收集设施作为回收体系建设的重要内容统筹推进，有条件的城市还应建设一批可循环快递包装投放和回收设施。加强对再生资源回收加工利用行业的提质改造和环境监管，推动行业集聚化发展，做好废弃电器电子产品等拆解产物流向监管，改善行业“散乱污”状况。要建设多种形式的二手商品交易渠道，鼓励建设高质量的汽车零部件再制造项目，探索航空器、航空发动机、工业机器人等新领域再制造项目。《通知》还明确了《城市废旧物资循环利用体系建设实施方案编制要点》。

（二）生态环境部“十四五”时期“无废城市”建设情况

2021 年 12 月，生态环境部、国家发展和改革委员会、工业和信息化部、财政部、自然资源部、住房和城乡建设部、农业农村部、商务部、文化和旅游部、国家卫生健康委、人民银行、税务总局、市场监管总局、统计局、国管局、银保监会、邮政局、全国供销合作总社联合发布《“十四五”时期“无废城市”建设工作方案》（以下简称《工作方案》），提出推动 100 个左右地级及以上城市开展“无废城市”建设，到 2025 年，“无废城市”固体废物产生强度较快下降，综合利用水平显著提升，无害化处置能力有效保障，减污降碳协同增效作用充分发挥，基本实现固体废物管理信息“一张网”，“无废”理念得到广泛认同，固体废物治理体系和治理能力得到明显提升。

《工作方案》还提出推动形成绿色低碳生活方式，促进生活源固体废物减量化、资源化。以节约型机关、绿色采购、绿色饭店、绿色学校、绿色商场、绿色快递网点（分拨中心）、“无废”景区等为抓手，大力倡导“无废”理念，推动形成简约适度、绿色低碳、文明健康的生活方式和消费模式。坚决制止餐饮浪费行为，推广“光盘行动”，引导消费者合理消费。积极发展共享经济，推动二手商品交易和流通。深入推进生活垃圾分类工作，建立完善分类投放、分类收集、分类运输、分类处理系统。构建城乡融合的农村生活垃圾治理体系，推动城乡环卫制度并轨。加快构建废旧物资循环利用体系，推进垃圾分类收运与再生资源回收“两网融合”，促进玻璃等低值可回收物回收利用。

2022 年 4 月，生态环境部会同有关部门，根据各省份推荐情况，综合考虑城市基础条件、工作积极性和国家相关重大战略安排等因素，确定了“十四五”时期开展“无废城市”建设的城市名单。此外，雄安新区、兰州新区、光泽县、兰考县、昌江黎族自治县、大理市、神木市、博乐市等 8 个特殊地区参照“无废城市”建设要求一并推进。

（三）商务部再生资源回收重点联系企业名单

2021 年 10 月，商务部办公厅发布《关于推荐重点联系再生资源回收企业的函》，提出为及时了解掌握再生资源回收企业发展状况和行业发展趋势，加强对再生资源回收行业的指导和管理，提高行业组织化程度，商务部拟建立再生资源回收行业重点联系企业制度。企业范围按产废来源划分，主要包括：工矿产业源回收企业、生活商业源回收企业；按回收品种划分，主要包括：废钢铁、废有色金属、废塑料、废玻璃、废纸、废橡胶（轮胎）、废旧纺织品、废电器电子产品等重点品种回收企业；按创新转型模式划分，主要包括：回收加工型企业、互联网平台回收企业、数字化转型企业。

《关于推荐重点联系再生资源回收企业的函》还提出重点联系再生资源回收企业的指标要求：

（一）工矿产业源回收企业。废钢铁年回收量在 10 万吨以上，其他品种年回收总量在 1.5 万吨以上；具有固定的分拣场地和初级加工处理能力。

（二）生活商业源回收企业。服务居民用户达到 5 万户，回收网点 25 个以上，年回收量在 8000 吨以上，具有转运、分拣中心等设施和全链条业务管理信息系统；或服务商贸场所、政府机关及公共机构数量达到 100 家，年回收量在 1 万吨以上，具有承接可回收物分拣处理的分拣中心和全链条业务管理信息系统。

（三）互联网平台回收企业。自营回收平台用户注册数 50 万家以上，回收网点 250 个以上，年成交量 50 万单以上；第三方回收平台经营户注册数 5000 家以上，年成交量 50 万单以上。

2021 年 12 月，商务部发布《关于重点联系再生资源回收企业名单》，提出按照《商务部办公厅关于推荐重点联系再生资源回收企业的函》明确的基本条件和指标要求，在前期地方商务主管部门推荐的基础上，初步筛选出 169 家重点联系再生资源回收企业。

第五章

我国废旧纺织品发展方向及前景展望

一、发展方向

➢我国废旧纺织品回收利用产业整体呈增长态势，在市场优胜劣汰、行业标准规范、监督管理制度联合作用下，逐渐走向规范化、规模化发展阶段。

➢随着非洲、中东等地区二手服装市场逐渐饱和，以及当地纺织工业有所发展，二手服装出口量将稳中放缓，国内二手服装流通交易日渐兴起。

➢消费后废旧纺织品回收利用将成为关注重点，酒店布草，以及学校、政府部门、央企国企、社会团体等废旧制式服装的回收利用热度将上涨。

➢涤纶仍然是纺织纤维原材料中用量最大的品种之一，涤纶类废旧纺织品占比以及再生涤纶产量将持续升高。随着涤纶类废旧纺织品化学法再生利用技术的开发和优化、成本的降低、产品质量的提高，化学法占比将逐步增加，再生涤纶产品的品种将进一步扩大。

二、前景展望

➢市场前景方面

安踏、李宁等国际知名品牌纷纷在可持续发展策略、ESG 报告中宣布了使用再生纺织材料的长远目标。据报道，目前符合要求的再生纺织材料供应量远小于这些长远目标需求量。因此，今后废旧纺织品再生纺织材料的市场仍有很大的上升空间。

➢原料供应方面

我国是世界纺织品加工中心，也是纺织品消费大国，每年产生废旧纺织品超过 2000 万吨，并且呈现逐年上升趋势，而废旧纺织品综合利用率仅为 20%，因此，今后我国废旧纺织品供应量能够满足企业需求量。

➢政策制度方面

我国陆续发布生态文明、碳中和碳达峰、循环经济、废弃物循环利用体系建设、废旧纺织品循环利用等发展目标和利好政策，表明国家对废旧纺织品回收利用产业重视程度逐渐提高，扶持力度持续加大，将引导废旧纺织品循环利用产业高质量可持续发展。

三、工作建议

➢联合政府、协会、企业，优化垃圾分类制度，加大废旧纺织品回收利用宣传，积极培养废旧纺织品回收利用龙头企业，发挥示范带动作用，倡导废旧纺织品回收利用统计数据透明化，探讨进一步提高废旧纺织品回收利用企业及其上下游企业的税收优惠力度，为企业提供绿色信贷产品和服务。

➢发挥协会桥梁纽带作用，积极促进企业与高校、科研院所开展合作，推进行业标准规范制修订，推动绿色产品认证和标识工作，为行业提供参考依据。

➢鼓励回收企业探索一袋式上门回收、毕业季进校园等新型回收模式，鼓励回收企业走进三线及以下城市、农村，提高废旧纺织品专用回收箱覆盖率和布局合理性。

➢鼓励利用企业与高校、科研院所开展废旧纺织品行业共性关键技术开发，比如成分识别、高效分拣、高值化循环利用等技术及装备，加大政产学研用合作力度。鼓励利用企业进行绿色产品认证，提高产品全球竞争力。

➢强化生产企业和品牌企业社会责任，鼓励开展绿色生态设计，优先采购绿色产品和可持续原料，选择环境绩效更好的供应商，考虑整件服装采用同一材质，设置包含面料成分信息的可视化标签或可机读无线射频识别（RFID）标签，提高废旧纺织品分拣效率和准确性。

参考文献

[1] 国家统计局工业统计司. 中国工业统计年鉴—2021 [M]. 北京：中国统计出版社，2021.
[2] 顾明明，赵凯，赵国樑，等. 2018—2019年度中国废旧纺织品综合利用发展报告 [M]. 北京：中国纺织出版社有限公司，2020.
[3] 中国纺织工业联合会. 2017 / 2018 中国纺织工业发展报告 [M]. 北京：中国纺织出版社有限公司，2018.
[4] 中国纺织工业联合会. 2018 / 2019 中国纺织工业发展报告 [M]. 北京：中国纺织出版社有限公司，2019.
[5] 中国纺织工业联合会. 2019 / 2020 中国纺织工业发展报告 [M]. 北京：中国纺织出版社有限公司，2020.
[6] 中国纺织工业联合会. 2020 / 2021 中国纺织工业发展报告 [M]. 北京：中国纺织出版社有限公司，2021.
[7] 中国纺织工业联合会. 2021 / 2022 中国纺织工业发展报告 [M]. 北京：中国纺织出版社有限公司，2022.
[8] 王荣华，赵宇萍. 线上二手平台商业模式比较——以闲鱼与转转为例 [J]. 市场周刊（理论研究），2018（4）：3-5.
[9] 郭春花. 王臻：可持续时尚领跑者 [J]. 纺织服装周刊，2020（41）：86-87.
[10] 李亚静，朱美静. 兰精天丝品牌：线上研判家纺绿色发展新趋势 [J]. 纺织服装周刊，2022（21）：22.
[11] 刘磊. 天丝品牌纤维30年！ 兰精集团可持续革新纤维创佳绩 [J]. 纺织服装周刊，2022（10）：7.
[12] 李艳芳. 宜家：全价值链循环业务模式打造可持续未来 [J]. 可持续发展经济导刊，2020（10）：54-56.

关于飞蚂蚁

ABOUT FEIMAYI

飞蚂蚁回收(上海歌者环保科技有限公司)成立于2014年，以居民家庭废旧纺织品回收以及再利用为切入点,建立了相对完善的线上+线下的回收网络。截至2022年全网回收用户超2000万，上门回收业务覆盖全国362+城市，累计铺设AI智能回收箱超5000个，全国自建分拣工厂3个，合作相关工厂超过70个。年回收废旧纺织总量超65093吨，二手书籍年回收量超7800吨，旧家电、家具年回收量超73000台。飞蚂蚁正在逐步建立品类多形态的旧物回收体系。目前，飞蚂蚁回收业务品类包含:旧衣物、旧书籍、旧家电、旧电子产品、旧玩具、旧家具等。

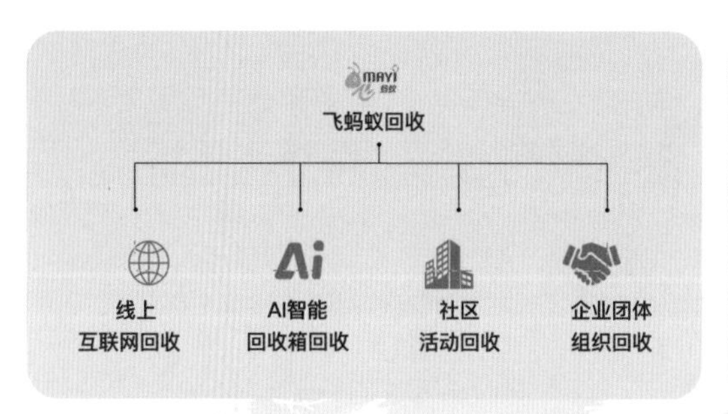

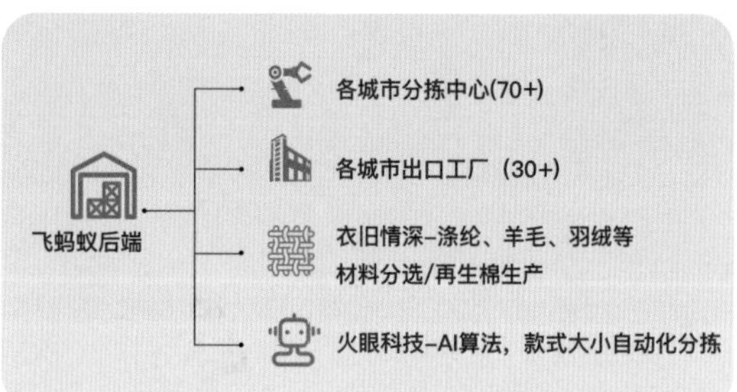

飞蚂蚁数字化产业赋能

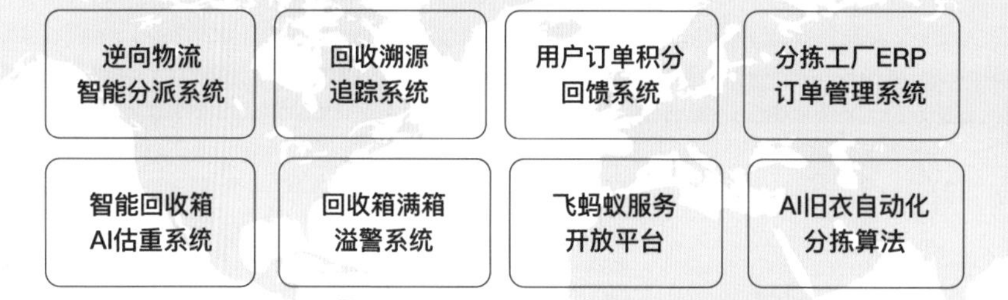

飞蚂蚁充分利用自身互联网企业优势，利用数字技术赋能回收整个产业链，申请了32项相关软件著作权和3项技术专利，并连续五年成为上海市高新技术企业，连续三年被评为A级纳税人。

多平台多品牌联合

飞蚂蚁和支付宝、闲鱼、顺丰、淘宝等互联网平台合作,将回收作为一项社会服务输出给不同平台,让不同平台的用户都能更便捷地参与到资源回收再利用的行动中来;同时飞蚂蚁也和热风、Theory、Cheaps、inman、JNBY、HAZZYS等众多服装品牌,万科、万达、碧桂园等众多地产和物业公司合作发起家庭多场景旧物回收。飞蚂蚁环保回收平台将继续秉承可持续发展理念，健全废旧物资循环利用体系，提高资源循环利用水平，让有限资源无限循环。

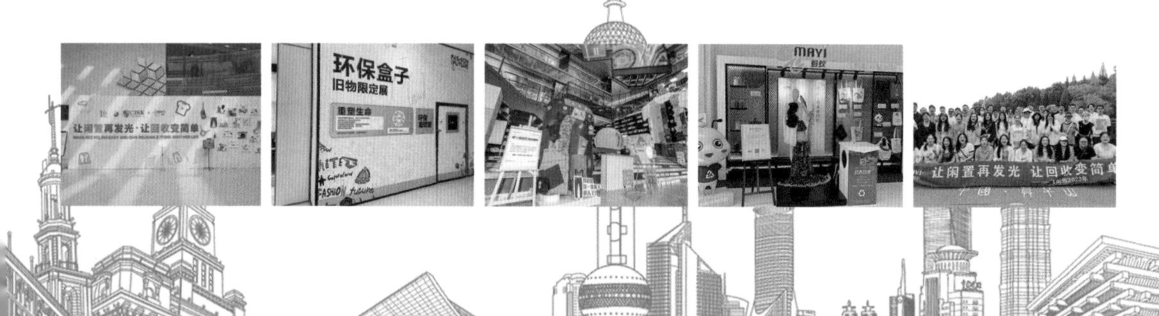

关于格瑞哲

ABOUT GRACER

广州格瑞哲再生资源股份有限公司是纺织服装后生命周期管理的先驱者，在环境保护、绿色低碳、循环发展领域集回收、分拣加工、贸易以及仓储物流等相关业务于一体的资源回收利用高新科技型环保企业。企业坚持多元化投资、专业化经营、规范化操作、科学化管理的发展思路，以分拣中心为载体，以回收网点为支撑，以综合利用为目的，以技术创新为依托，以点带面、打通两端，将企业打造成为集供应链物流、供应链金融、供应链管理、供应链服务于一体的环保型全产业链闭环企业。

公司目前开设有全国回收、分拣处理、国际贸易、二手流通、再生纤维、新材料制造等多个业务板块。回收方式多元，已在全国245个城市建立回收网点，网络覆盖全国，成为“互联网+物联网+AI智能”回收引领者；分拣处理能力可达200余个品种，工艺技术先进，获得多项国内国际体系认证；国际贸易涵盖全球100余个国家，是国内服装后生命周期管理领域的先驱者。现有员工1000余人，年处理能力15万吨。集团核心企业广州格瑞哲股份已于2021年5月挂牌新四板，股票代码880572。

诚挚邀请服装品牌、数字电商平台、直播平台、物业公司、物流企业、进出口企业等社会各界力量，莅临我司指导工作，交流合作！

服装循环利用全产业链

The whole industry chain of clothing recycling

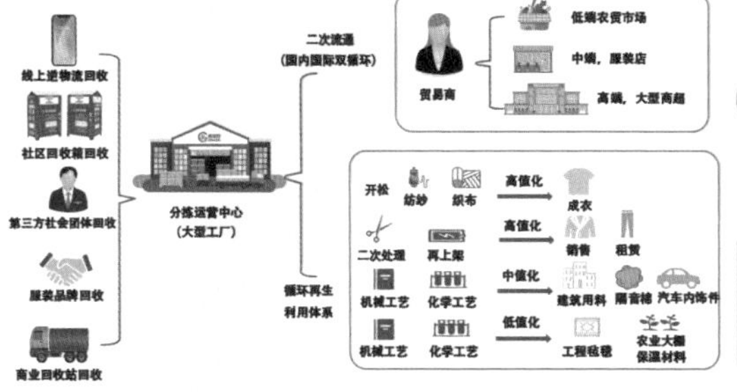

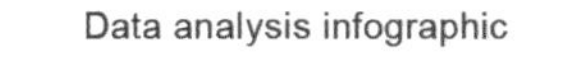

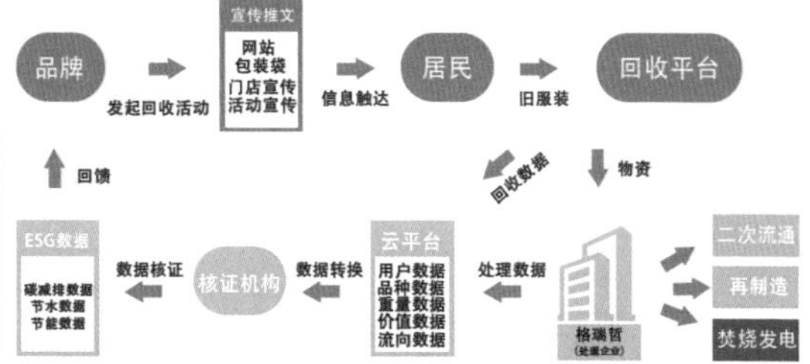

分拣运营产业体系

Mid-end-sorting operation industry system

基地式布局

全国三大处理基地，以基地为中心覆盖周围主要城市，提升运作效率。

规模化生产

40条生产线，1000余名员工，每天可处理300吨闲置衣物，产能居国内前列。

标准化作业

率先实现行业标准化作业流程，实现各环节标准化衔接，大幅提升处理效率。

标准化产品

行业内率先实现产品标准化，规格、外观、技术参数成为中国产品标杆。